Pera Herold

Ziegenzucht im eigenen Betrieb

Pera Herold

Ziegenzucht im eigenen Betrieb

74 Abbildungen
15 Tabellen

Inhaltsverzeichnis

Vorwort

Die Bekanntschaft mit „Fritz“ war der Beginn einer großen Leidenschaft. Der Bunte Deutsche Edelziegenbock war mein Spielgefährte beim Urlaub auf dem Bauernhof bei Familie Beck in Billafingen. Zum sechsten Lebensjahr bekam ich dann die erste eigene Ziege geschenkt. Seitdem verbringe ich mein Leben mit Ziegen. Inzwischen haben mein Mann und ich einen eigenen kleinen Bauernhof, natürlich mit eigenen Ziegen. Beim Studium der Agrarwissenschaften wurde dann mein Interesse an der Tierzüchtung geweckt. Die Rassenvielfalt bei unseren Nutztieren hatte mich schon lange begeistert. Nun bekam ich das Wissen an die Hand, wie diese Vielfalt planvoll weiterentwickelt werden kann. Inzwischen arbeite ich im Zuchtwertschätzteam Baden-Württemberg und bin dort für die Entwicklung einer Zuchtwertschätzung für Milchziegen mit verantwortlich.

In diesem Buch sind die vielfältigen Erfahrungen aus meiner praktischen und theoretischen Arbeit mit der Ziegenzucht zusammengestellt. Ziel des Buches ist es, Anfängern aber auch fortgeschrittenen Züchtern Handwerkszeug zum gezielten Züchten zu liefern. Vor allem soll dieses Buch jedoch Ihre Leidenschaft für das Züchten wecken oder weiter anfachen! Trotz des ganzen Papierkrams rund um die Ziegenhaltung und Ziegenzüchtung ist das gezielte Züchten ein spannender Prozess. Denn Züchten ist vor allem das Arbeiten mit den Ziegen. Hier gibt es Höhen und Tiefen, aber auch viel Stolz und Freude am eigenen Bestand.

Das hier aufgeführte Wissen stammt nicht von mir allein, sondern beruht auf der Zusammenarbeit mit vielen verschiedenen Menschen. Züchtung findet zwar zunächst im eigenen Bestand statt, der Reiz besteht aber vor allem auch im Austausch mit anderen. Diesen Austausch findet man in Ziegenzuchtverbänden und -vereinen. Wir haben noch ein funktionierendes Verbandswesen. Ein hohes Gut, denn hier kann jedes Mitglied mitbestimmen, welche Zuchtziele verfolgt und wie die Zuchtprogramme gestaltet werden sollen. Unsere Zuchtverbände stehen jedoch vor großen Herausforderungen. Die Mitgliederstrukturen verändern sich zurzeit deutlich. Mit den zunehmenden landwirtschaftlichen Milchziegenbetrieben und immer mehr Ziegen in der Landschaftspflege werden ganz neue Anforderungen an die Ziegenzüchtung und damit auch an die Zuchtverbände gestellt. Mit meinem Buch möchte ich auch Begeisterung für die Mitgliedschaft und Mitarbeit in den Ziegenzuchtverbänden wecken. Gemeinsam sind wir stark für die Ziegenzucht und können vieles entwickeln und erreichen!

Kornwestheim, im Frühjahr 2020
Pera Herold

1 Züchten ist Leidenschaft!

Kennen Sie das Gefühl, wenn Ihre Ziegen kurz vor der Geburt stehen und Sie sich fragen, ob Sie mit dieser noch ungeborenen zukünftigen Generation Ihrem eigenen Zuchtziel einen Schritt näher kommen? Die Frage, ob Sie wirklich den richtigen Bock für Ihre Ziegen ausgesucht haben? Das Gefühl, wenn Ihre beste Ziege zwei weibliche Kitze auf die Welt bringt. Oder der Stolz, wenn Sie ihre selbstgezüchteten Ziegen auf einer Schau präsentieren?

Züchten hat sehr viel mit Leidenschaft zu tun. Mit Ausprobieren. Mit Beobachten. Und so kann ganz banal festgestellt werden: Jeder, der seine Tiere planvoll anpaart, züchtet, – auch, wenn seine Tiere nicht in einem Herdbuch registriert sind.

Die wissenschaftliche Definition von Tierzüchtung ist da strikter. Danach ist das Ziel der Tierzüchtung, die Wirtschaftlichkeit der tierhaltenden Betriebe zu fördern. Dafür werden Zuchtziele definiert und Zuchtprogramme durchgeführt. Zuchtfortschritt kann dabei nur in der sogenannten Herdbuchpopulation mit registrierten Zuchttieren erzielt werden. Hier ist die Abstammung der Tiere über Generationen bekannt und es wird eine Leistungsprüfung im Sinne des Zuchtziels durchgeführt. Der in der Zuchtpopulation erzielte Zuchtfortschritt kann dann in die Nicht-Herdbuchpopulation, das sind die nichtregistrierten Ziegen, übertragen werden. Dies geschieht am einfachsten über männliche Zuchttiere. Tierzüchtung ist immer auf die Zukunft ausgerichtet und „denkt" in Generationen. In den neuen Generationen soll ein möglichst hoher Zuchtfortschritt in den Leistungsmerkmalen erfolgen.

Dieses Buch folgt beiden Ansätzen. Es soll Sie dabei unterstützen, die Leidenschaft für das Züchten zu entdecken oder noch weiter auszubauen. Das ist unabhängig davon, ob Sie einfach mit ihrer Ziegenherde züchten möchten oder ob Sie überzeugter Herdbuchzüchter sind.

Dieses Buch richtet sich sowohl an Interessierte, die über das Züchten nachdenken, als auch an erfahrene Ziegenzüchter, die noch ein paar Ideen oder Grundlagen kennenlernen wollen. Vielleicht wollen Sie aber auch nur hin und wieder einmal etwas nachschlagen. All das soll mit dem vorliegenden Buch möglich sein: Sie können das Buch am Stück durchlesen. Sie können sich aber auch gezielt die Kapitel oder Stichpunkte herausgreifen, die Sie gerade besonders interessieren oder die Sie im Moment direkt unterstützen können. Die fünf Beispielzüchter Max Gruber, Silke Müller, Reiner Pütz, Erika Schmitt und Leon Weber werden Sie durch das Buch begleiten und geben Ihnen dabei vielleicht zusätzlich ein paar Anstöße. Ihre Namen sind frei erfunden. Ähnlichkeiten mit lebenden oder toten Personen sind nicht gewollt und rein zufällig.

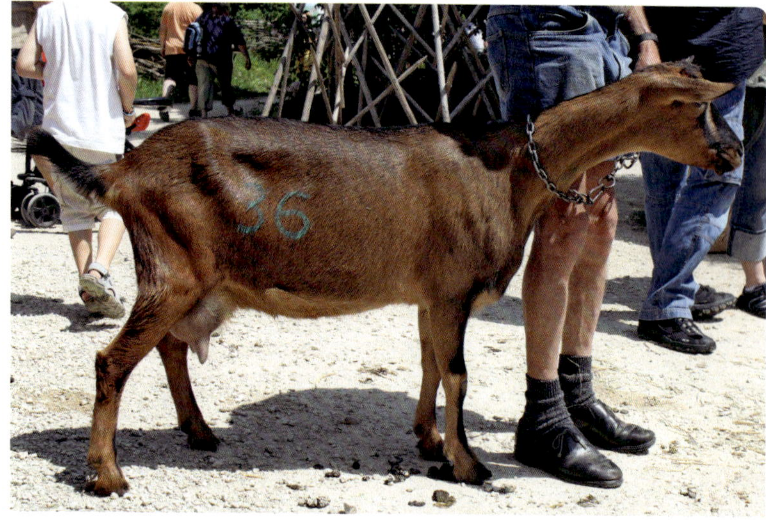

Abb. 1 Bunte Deutsche Edelziegen sind eine typische Milchziegenrasse.

Max Gruber hält seit 20 Jahren drei Bunte Deutsche Edelziegen (Abb. 1). Angefangen hat es mit einer Ziege, die er zu seinem dreißigsten Geburtstag geschenkt bekam. Im Schuppen hinter dem Haus baute er einen kleinen Stall und kaufte noch zwei Tiere dazu. Die Ziegen stammten von zwei verschiedenen Züchtern, die Mitglied im Landesziegenzuchtverband und auch in einem regionalen Ziegenzuchtverein waren. So wurde Max Gruber direkt Herdbuchzüchter. Ihm ist wichtig, den regionalen Schlag der Bunten Deutschen Edelziege zu erhalten. Obwohl die Bunte Deutsche Edelziege schon in den 1920er Jahren durch Zusammenführung aller farbigen Ziegenschläge in Deutschland entstand, können in den verschiedenen Regionen noch Farbschläge identifiziert werden. Daher achtet Max Gruber beim Bockkauf neben der Linienführung auch auf eine rehbraune Körper- sowie eine helle Bauchfärbung. Ziegen mit schwarzer Bauchfärbung, wie sie in anderen Regionen typisch sind, kommen für ihn nicht in Frage.

Abb. 2 Thüringer Wald Ziegen sind eine gefährdete Milchziegenrasse.

Silke Müller hat vor zwei Jahren gemeinsam mit ihrem Lebensgefährten einen landwirtschaftlichen Betrieb übernommen, den sie nun auf ökologische Milchziegenhaltung mit Milchverarbeitung und Direktvermarktung umstellen möchte. Silke Müller kommt nicht von einem landwirtschaftlichen Betrieb. Sie und ihr Lebensgefährte haben Ökologische Landwirtschaft studiert. Das Paar kaufte 60 Thüringer Wald Ziegen aus zwei anderen Milchziegenbetrieben (Abb. 2). Einer der Betriebe ist Mitglied im Ziegenzuchtverband und verkauft Herdbuchziegen. Der andere Betrieb hält Thüringer Wald Ziegen und hat diese bei der Gesellschaft zur Erhaltung alter und gefährdeter Haustierrassen (GEH) gemeldet, ist aber nicht Mitglied in einem Ziegenzuchtverband. Die Ziegen kommen im Alter von 8 Monaten trächtig auf dem Betrieb an. Das Ziel von Silke Müller ist, ihren Bestand mittelfristig auf 100 milchgebende Ziegen aufzustocken.

Abb. 3 Weiße Deutsche Edelziegen.

Reiner Pütz leitet seit zehn Jahren die Milchziegenhaltung in einem großen landwirtschaftlichen Betrieb. Auf dem Betrieb werden 1000 Weiße Deutsche Edelziegen gemolken (Abb. 3). Die Milch wird an eine Molkerei abgeliefert. Um das ganze Jahr über kontinuierlich Milch zu produzieren, werden die Ziegen in verschiedene Melkgruppen aufgeteilt. Diese werden zu unterschiedlichen Zeiten gedeckt. So kann der Betrieb von dem höheren Winterpreis für Ziegenmilch profitieren. Zudem werden nicht alle Ziegen jedes Jahr gedeckt. Diese Ziegen werden dauergemolken, das heißt über mehrere Laktationen hinweg ohne eine Lammung dazwischen. Reiner Pütz ist ausgebildeter Landwirtschaftsmeister. Auf dem Betrieb arbeitet er als Angestellter. Vor dieser Stelle hatte er keine Erfahrungen mit Ziegen. Die Umstellung auf die Ziegen fiel ihm anfangs schwer. Insbesondere das deutlich andere Verhalten der Ziegen und die teilweise Aggressivität der Tiere untereinander, machten ihm zu schaffen.

Abb. 4 Burenziegen sind eine weltweit verbreitete Fleischziegenrasse.

Erika Schmitt hat sich vor sieben Jahren auf einer Ziegenschau für die Burenziege begeistert (Abb. 4). Von einem Züchter, der dort ausstellte, konnte sie fünf Ziegen und einen Bock erwerben. Sie begeistert sich für die Teilnahme an Ziegenschauen und die Ziegen sind ihr liebgewordene Gefährtinnen. Im Sommer kann sie die Tiere auf verschiedenen Wiesen von Bekannten weiden lassen. Für den Winter hat sie sich auf einem Bauernhof im Stall eingemietet. Erika Schmitt weiß, dass Burenziegen durch ihre asaisonale Fruchtbarkeit drei Ablammungen innerhalb von zwei Jahren haben können. Für sie ist es jedoch praktisch, in den Sommermonaten auf der Weide den Bock zum Decken mit den Ziegen mitlaufen zu lassen. So hat sie nur eine Ablammung je Jahr von ihren Ziegen. In den anderen Monaten ist der Bock getrennt von den weiblichen Tieren. Als Gesellschaft für den Zuchtbock hält sie einen kastrierten Bock aus eigener Nachzucht.

Abb. 5 Tauernschecken sind eine ursprünglich aus Österreich stammende Gebirgsziegenrasse.

■ **Leon Weber** war vor fünf Jahren beim Urlaub in Österreich auf einer Alm begeistert von der Anmut der dort frei herumlaufenden gescheckten Ziegen. Ihre lustige Zeichnung, die eindrucksvollen Hörner, ihre Neugier und das kapriziöse Verhalten haben ihn direkt begeistert. Zurück zu Hause hat er im Internet recherchiert, dass diese Tiere Tauernschecken waren (Abb. 5). Er zog Erkundigungen ein und fand Ziegenhalter, die auch in Deutschland diese Rasse halten. Für ihn war klar, dass seine Ziegen ein ähnliches Umfeld brauchen, wie die Rasse es aus Österreich gewöhnt ist. Als Mitglied in einem Naturschutzverband war es einfach, Kontakte zu knüpfen und Angebote zur Beweidung von brachliegenden und verbuschten Flächen zu erhalten. So kaufte sich Leon Weber zehn Ziegen und einen Bock von drei verschiedenen Ziegenhaltern und begann mit der Landschaftspflege. Bis zu diesem Zeitpunkt hatte er sich noch keine Gedanken über Herdbuchzucht gemacht. ■

Diese fünf Beispielpersonen haben die richtigen Ziegen für sich gefunden. Nachfolgend ein paar Tipps, wie auch Sie die richtigen Ziegen für sich finden können.

2 Welche Ziegen sind die richtigen für mich?

2.1 Motivation für die eigene Ziegenhaltung

Für das Halten von Ziegen gibt es viele Gründe. Aufgrund ihres einnehmenden Wesens eignen sich Ziegen gut als Spielkameraden für Kinder (Abb. 6). Als Milchziege können sie landwirtschaftlich genutzt werden. In der Landschaftspflege helfen sie, verbuschte Flächen wieder freizustellen. Für alle diese Nutzungen braucht man nicht zu züchten, die Ziegen können von anderen Ziegenhaltern gekauft werden. Doch die Weiterentwicklung der eigenen Herde, ganz nach den eigenen Vorstellungen, ist für viele Ziegenhalter interessant und sinnvoll. Nur wer selber züchtet, kann bestimmen, in welche Richtung sich der eigene Bestand entwickelt.

Grundsätzlich bedeutet züchten, männliche und weibliche Tiere gezielt miteinander zu verpaaren.

2.2 Am Anfang steht das Ziel

Unabhängig von einer Mitgliedschaft in einem Zuchtverband ist das betriebseigene (Zucht-)Ziel. Mit Betrieb ist hier der Einfachheit halber jede Ziegenhaltung gemeint, egal ob es sich um drei Ziegen oder 200 Ziegen handelt. Jeder Ziegenhalter sollte für den eigenen Bestand Ziele definieren. Das ist unter anderem wichtig, um entscheiden zu können, welche Rasse zu einem selber und zum Betrieb passt. Es ist außerdem wichtig bei der Entscheidung, welche Tiere für die Weiterzucht genutzt werden, oder auch bei der Auswahl des nächsten Bockes. Vor der eigentlichen Zieldefinition steht zunächst eine **Standortbestimmung**.

Abb. 6 Zwergziegen sind lustige Gefährtinnen.

Standortbestimmung: Wo stehe ich aktuell – wo will ich hin?

- Zu welchem Zweck werden die Ziegen gehalten?
- Wie viel Zeit kann ich in die Ziegenhaltung investieren?
- Will ich mit den Ziegen bestimmte Produkte erzeugen?
- Gibt es neben den gewollten Produkten weitere Produkte, die automatisch anfallen?
- Will ich die Produkte zur Selbstversorgung nutzen oder gibt es einen Markt für meine Produkte?
- Wie groß ist mein Bestand zurzeit bzw. mit welcher Bestandsgröße will ich beginnen? Zu welcher Größe soll sich der Bestand entwickeln?
- Wie erfolgt die Haltung – ist ein Stall vorhanden?
- Habe ich die Möglichkeit, verschiedene Tiergruppen separat zu halten, wie z. B. Deckgruppen, Kitze, Jungziegen, Böcke?
- Sind meine Nachbarn mit der Tierhaltung einverstanden, insbesondere auch mit der Haltung von Böcken (Geruch!)?
- Sind die Haltungsmöglichkeiten ausbaufähig? Ist das überhaupt erwünscht?

Die **(Zucht-)Ziele** richten sich zunächst nach den Produkten, die produziert werden sollen. Das können Milch, Fleisch oder Wolle bzw. Faser sein. Ein Produkt der Ziegenhaltung kann aber auch die Landschaftspflege sein (Fressverhalten und Robustheit). Neben der Erzeugung von Produkten kann es jedoch noch weitere Ziele einer Ziegenhaltung geben. Ein Ziel kann sein, dass die eigenen Ziegen in der Umwelt zurechtkommen, die ich ihnen bieten kann (Robustheit und Genügsamkeit). Hier kann zum Beispiel das Ziel sein, das eigene, große Gartengrundstück abzuweiden. Ein weiteres Ziel kann sein, dass die Ziegen meiner Familie und mir liebevolle Gefährtinnen sind (Charakter und Verhalten, Mensch-Tier-Beziehung).

■ **Max Gruber** verfolgt mit seiner Ziegenhaltung vor allem das Ziel der Selbstversorgung. Aus der Milch seiner Ziegen, die nicht für den direkten Verbrauch benötigt wird, macht er jeden Tag Frischkäse. Die geschlachteten Kitze und Altziegen dienen der Fleisch- und Wurstversorgung der Familie. Zudem hat Max Gruber Gefallen daran gefunden, seine Ziegen auf Ziegenausstellungen zu präsentieren. Hier ist er regelmäßig sehr erfolgreich. Aus seinen prämierten Ziegen zieht er Bockkitze auf, die er auf dem Ziegenbockmarkt des Zuchtverbands verkauft. ■

■ **Reiner Pütz** hat die Vorgabe, mit den Milchziegen ein positives Betriebszweigergebnis zu erwirtschaften. Somit legt er bei seinen Ziegen Wert auf eine hohe Milchleistung mit einem hohen Anteil an Fett und Eiweiß. Dabei achtet er nicht auf die Leistung in einer Laktation, sondern ihm ist es wichtig, dass die Ziegen eine möglichst hohe Leistung über mehrere Jahre erbringen, ohne dazwischen trächtig zu werden (= Dauermelkleistung). Um die Melkzeit auf ein Minimum zu begrenzen, achtet er zudem auf die Melkbarkeit seiner Ziegen. Damit ist der Milchfluss je Minute gemeint. Reiner Pütz bevorzugt einen hohen Milchfluss. Wichtig ist ihm auch die Euterform. Die Euter seiner Ziegen sollen hoch am Körper angesetzt sein, die Striche möglichst gerade nach unten zeigen. Bei dieser Euterform geht es schneller, das Melkzeug anzuhängen. Auch ist dann die Verletzungsgefahr am Euter geringer. Zudem legt Reiner Pütz Wert auf eine gute Gesundheit und eine gute Umgänglichkeit seiner Ziegen untereinander. ■

■ **Silke Müllers** Ziel ist es, einen erfolgreichen Milchziegenbetrieb mit eigener Käseherstellung und Direktvermarktung aufzubauen. Daher will sie auf eine hohe Milchleistung bei guten Inhaltsstoffen züchten. Ihre Wahl ist auf die gefährdete Rasse Thüringer Wald Ziege gefallen, weil sie sich von deren einzigartigem Erscheinungsbild eine gute Werbung für ihre Produkte verspricht. Zudem ist ihr die Erhaltung von alten und gefährdeten Rassen ein Anliegen. Gemeinsam mit ihrem Lebensgefährten denkt sie darüber nach, ihren Hof als Arche-Hof mit verschiedenen gefährdeten Rassen zu führen. ■

■ **Erika Schmitt** gefällt das Erscheinungsbild, insbesondere auch die Schlappohren, und die braun-weiße Färbung der Burenziegen. Sie legt Wert auf großrahmige, breite, tiefe und gut bemuskelte Tiere. Wie Max Gruber geht sie gerne auf Ziegenschauen und präsentiert ihre Tiere. Sie zieht jedes Jahr mehrere Böcke auf, die sie ab Stall verkauft. Zudem genießt sie es, nun immer eigenes Fleisch und eigene Wurst von ihren Ziegen zu haben. Sie hat sich einen kleinen Kundenkreis erschlossen, der an Ziegenprodukten interessiert ist. ■

■ **Leon Weber** ist es wichtig, dass seine Ziegen den Sommer über auf den Landschaftspflegeflächen ohne zusätzliche Fütterung und ohne zusätzlichen Unterstand zurechtkommen. Da er die Tiere als Nebenbeschäftigung hält und daher nur 1- bis 2-mal am Tag nach den Tieren schauen kann, ist es ihm wichtig, dass diese trotzdem nicht zu scheu vor Menschen werden. Er freut sich daran, mit den Tauernschecken eine gefährdete Rasse zu halten und zu deren Erhaltung beizutragen. ■

Ziegen sind Nutztiere. Bei ihrer Anschaffung ist zu beachten, dass sie nie nur ein Produkt erbringen, sondern die Leistungen miteinander gekoppelt sein können. Um die Milchleistung aufrechtzuerhalten, müssen Ziegen Kitze zur Welt bringen. Und auch um eine Landschaftspflegeherde aus sich selber heraus zu erhalten, müssen die Ziegen immer wieder einmal lammen. Da man in der Regel nie alle Nachkommen behalten kann, muss ein Teil der Kitze geschlachtet werden, es fällt also auch Fleisch an. Außerdem werden alte Tiere in der Regel nicht bis zu ihrem natürlichen Tod gehalten, sondern gehen schon vorher zum Schlachten. Bevor Sie mit der Ziegenhaltung beginnen, müssen Sie somit gut überlegen, welche Produkte anfallen, welche Sie im eigenen Haushalt verwerten können bzw. wollen und für welche Produkte Sie eine Vermarktungsmöglichkeit brauchen.

2.3 Was ist vor der Anschaffung von Ziegen noch zu beachten?

Ganz wichtig ist es, sich vor der Anschaffung von Ziegen über die geltenden **Gesetze und Regelungen zur Tierhaltung** im Allgemeinen, vor allem aber zur Ziegenhaltung und -züchtung im Speziellen zu informieren. Wenn Sie Ziegen halten wollen, so sind Sie gesetzlich verpflichtet, die Tiere beim zuständigen Veterinäramt des Landkreises zu melden. Das Veterinäramt vergibt dann an Sie eine Registriernummer für Ihre Tierhaltung.

In Bezug auf die Ziegenzüchtung sind die Vorschriften und Maßnahmen des jeweiligen Ziegenzuchtverbandes bzw. der Veterinärbehörden zu Gesundheitssanierungsprogrammen oder Krankheitsmonitorings wichtig. Um Zuchtziegen verkaufen oder auf Ausstellungen präsentieren zu können, gibt es derzeit mindestens drei Sanierungs- bzw. **Monitoringprogramme**, an denen man teilnehmen sollte. Auch die Betriebe, aus denen man Tiere zukauft, sollten an diesen Programmen teilnehmen. Diese Programme betreffen folgende Krankheiten:

- **Caprine Arthritis Enzephalitis (CAE)**: Dies ist eine Viruserkrankung der Ziege. Es gibt zwei Formen, zum einen den Befall des Gehirns. Hier kommt es zu Bewegungs- und Gleichgewichtsstörungen sowie Lähmungen, manchmal auch zu Lungenentzündungen. Zum anderen einen Befall der Gelenke, die anschwellen. Die Tiere magern ab und zeigen ein struppiges Haarkleid. Die Milchleistung nimmt stark ab. Gegen das Virus gibt es keine Impfung. Alle Ziegenzuchtverbände haben es sich zur Aufgabe gemacht, diese Krankheit bei ihren Zuchttieren zu bekämpfen. Daher führen sie Sanierungsprogramme durch, bei denen in regelmäßigen Abständen Blutproben auf Antikörper gegen das Virus untersucht werden. Wurden über eine definierte Zeitspanne keine Antikörper nachgewiesen, so erhält der Betrieb den Status „CAE unverdächtig“. Erkundigen Sie sich bei ihrem Ziegenzuchtverband, wie die Regularien für die CAE-Sanierung sind. Auch Nicht-Herdbuchbetriebe können an dem Sanierungsprogramm teilnehmen.
- **Pseudo-Tuberkulose (Pseudo-TB)**: Hierbei handelt es sich um eine chronische, bakterielle Erkrankung, die Abszesse im lymphatischen System hervorruft. Diese entstehen an Kopf- und Körperlymphknoten, teilweise auch am Euter. Es bilden sich dicke Schwellungen, die nach außen aufbrechen, wobei Eiter austritt. Dieser verunreinigt die gesamte Umgebung mit großen Erregermengen, die in der Umwelt monatelang infektiös bleiben. Daran können sich weitere Tiere

infizieren. Auch gegen diese Krankheit gibt es keine wirksame Impfung. Daher werden auch hier Sanierungsprogramme durchgeführt, die auf Bluttests basieren. Nach mehreren unauffälligen Tests wird ebenfalls der Status „unverdächtig" vergeben. Weitere Informationen erhalten Sie bei dem für Sie zuständigen Ziegenzuchtverband.
- **Scrapie (klassische Traberkrankheit)**: Diese Krankheit wird wahrscheinlich durch fehlgebildete Eiweiße (Prionen) hervorgerufen und ist eine immer tödlich verlaufende Erkrankung des Gehirns. Hohlraumbildungen in den Nervenzellen beeinträchtigen dabei Verhalten und Gehvermögen. Scrapie ist eine Erkrankung vor allem der Schafe, die auch Ziegen befallen kann. Wie BSE bei Rindern zählt diese Krankheit zu den übertragbaren spongioformen Enzephalopathien. Aufgrund der EU-Verordnung 999/2001, geändert durch Verordnung (EU) Nr. 630/2013 der Kommission vom 28. Juni 2013, dürfen Zuchttiere von Schafen und Ziegen innerhalb der EU nur noch dann verbracht werden, wenn sie gewisse Auflagen in Bezug auf Scrapie erfüllen. In allen Bundesländern starteten daraufhin im Jahr 2018 die Veterinärbehörden ein Monitoring bezüglich Scrapie. Daran können die einzelnen Ziegenbetriebe teilnehmen und erhalten nach drei Jahren ohne Auffälligkeiten den Status „kontrolliertes Risiko", nach sieben Jahren den Status „vernachlässigbares Risiko". Um an dem Monitoring teilzunehmen, müssen Sie sich an das für Sie zuständige Veterinäramt wenden. Sie müssen beachten, dass Sie Ziegen nur noch mit solchen Betrieben austauschen können, die den gleichen Risikostatus haben wie Ihr Betrieb.

Zudem gibt es immer wieder andere anzeigepflichtige Tierkrankheiten, die einen Handel oder Austausch von Nutztieren und damit auch von Ziegen erschweren. Dazu gehört zum Beispiel die **Blauzungenkrankheit**, die 2018 erstmals nach zehn Jahren wieder ausgebrochen ist. Es liegt immer in der Pflicht der Tierhalter, sich über solche Krankheiten und die daraus resultierenden Vorschriften und Einschränkungen im Tierverkehr zu informieren. Die Internetseiten des für Sie zuständigen Ziegenzuchtverbands informieren Sie über die aktuelle Lage.

■ **Max Gruber** war von Anfang an beim CAE-Sanierungsprogramm mit dabei. Ihm ist es wichtig, dass auf die Ziegengesundheit geachtet und gerade auch bei Ziegenschauen ein hohes Gesundheitsniveau eingefordert wird. Bei einigen seiner Züchterkollegen hat er jedoch miterlebt, dass diese entweder durch das CAE- oder später dann noch durch das Pseudo-Tuberkulose-Sanierungsprogramm die Herdbuchzucht aufgegeben haben. Gründe dafür waren der höhere Aufwand und die zusätzlichen Kosten. Die zunehmenden Anforderungen an einen Ziegenzüchter können und wollen viele Menschen, die Ziegen in ihrer Freizeit halten, nicht mehr leisten. Diese Entwicklung stimmt Max Gruber traurig. Eine Lösung für diesen Konflikt zwischen hohen Standards bei der

Tiergesundheit und der begrenzten Arbeitskraft einer Freizeithaltung sieht er jedoch nicht. ■

■ **Reiner Pütz** ist die Teilnahme an den verschiedenen Sanierungsprogrammen und dem Monitoringprogramm sehr wichtig. Von Besuchen anderer Betriebe, die nicht an den Sanierungsprogrammen für CAE oder Pseudo-Tuberkulose teilnehmen, weiß er, welche Auswirkungen die beiden Krankheiten auf das Tierwohl haben können und wie sich der schlechte Gesundheitsstatus dann auch auf die Leistung der Tiere und damit auch das Betriebseinkommen auswirkt. Er achtet daher sehr genau darauf, aus welchen Betrieben er Tiere zukauft. Sowieso kauft er nur männliche Tiere zu; alle weiblichen Ziegen stammen aus eigener Nachzucht. Als die Idee aufkam, bundesweit gleichzeitig in das TSE-Monitoring einzusteigen, hat er sich direkt bei der für ihn zuständigen Amtstierärztin angemeldet. Die Teilnahme an dem TSE-Monitoring ist ihm sehr wichtig, da ein Teil seines Betriebseinkommens aus dem Verkauf von Zuchttieren stammt. Diese Einkommensquelle wäre ohne eine Teilnahme an dem Monitoringprogramm so gut wie zum Erliegen gekommen. Außerdem kann er so nicht mehr zur Zucht benötigte Böcke an andere Betriebe weiterverkaufen. ■

2.4 Welche Ziege soll es sein?

In Deutschland werden bei Ziegen drei Nutzungsrichtungen unterschieden: Milch-, Fleisch- und Wollziegen. Welche Rassen in welche Kategorie eingeteilt sind und welche Zuchtziele bei den verschiedenen Rassen verfolgt werden, wird auf Bundesebene festgelegt. Auf der Internetseite des Bundesverbands Deutscher Ziegenzüchter e. V. (BDZ) können die aktuellen **Rassebeschreibungen** und Zuchtziele aller in Deutschland gezüchteten Rassen eingesehen werden (www.ziegen-sind-toll.com). Im Jahr 2017 gab es in Deutschland insgesamt 14229 eingetragene

Abb. 7 Prozentualer Anteil der Ziegenrassen in Deutschland (Stand: 2017, nach TGRDEU, 2019).

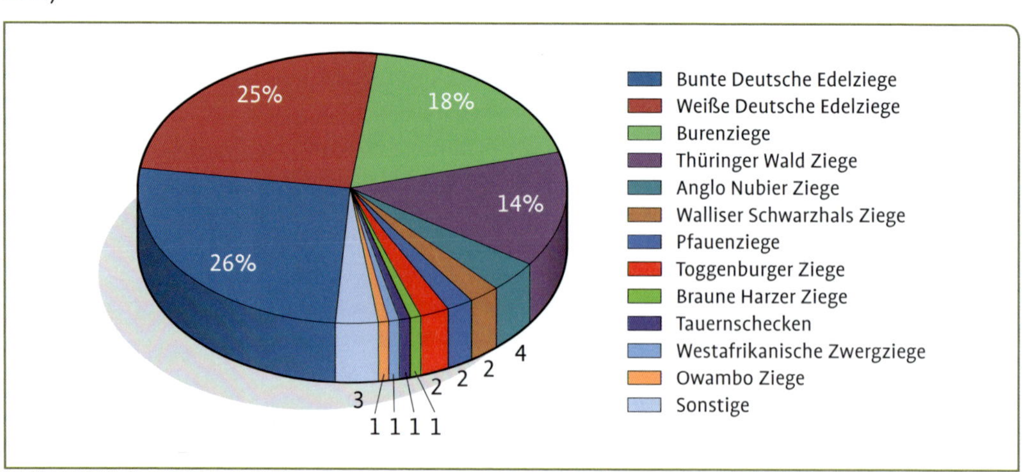

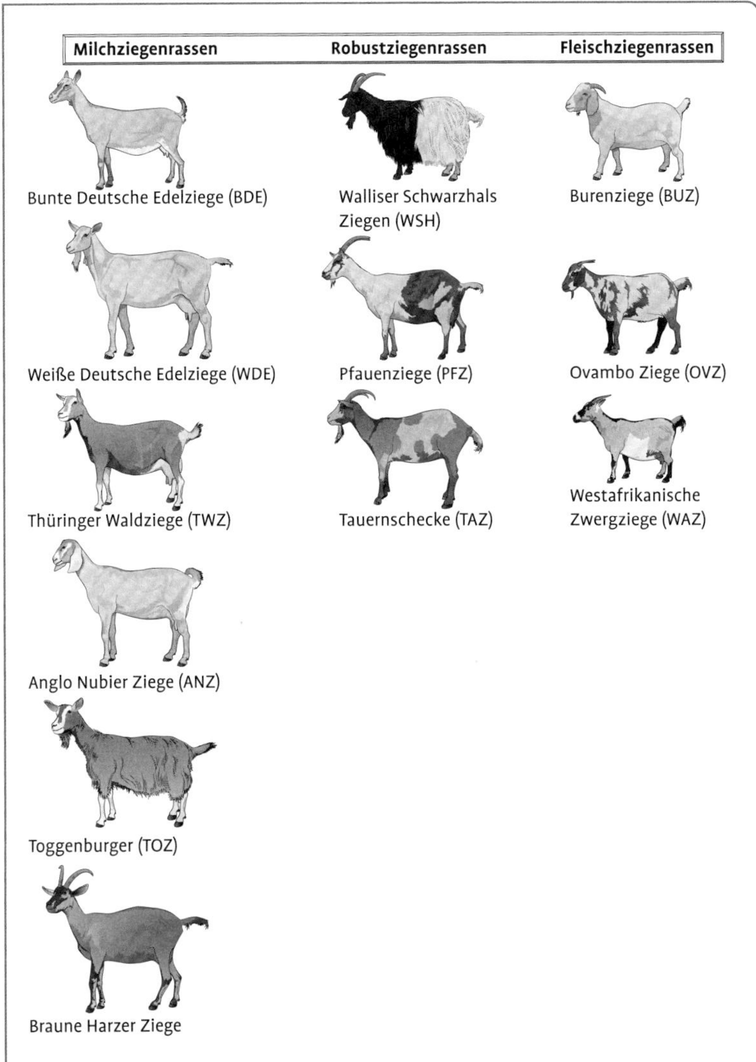

Abb. 8 Einordnung der verschiedenen Ziegenrassen in unterschiedliche Nutzungsgruppen.

Herdbuchziegen aus 24 verschiedenen Rassen. Abbildung 7 zeigt die prozentualen Anteile der Rassen an der Gesamtziegenzahl. Die zahlenmäßig stärksten Rassen sind die Bunte und die Weiße Deutsche Edelziege, die Burenziege und die Thüringer Wald Ziege.

Um noch genauer zwischen Ziegenrassen und ihren Nutzungen differenzieren zu können, erscheint für das vorliegende Buch die Einteilung in Milch-, Fleisch- und Robustziegen sinnvoll. Abbildung 8 gibt einen Überblick über die Einordnung der verschiedenen Ziegenrassen. Dargestellt sind alle Rassen, die einen Anteil von ≥ 1 % des Gesamtziegenbestandes in Deutschland ausmachen.

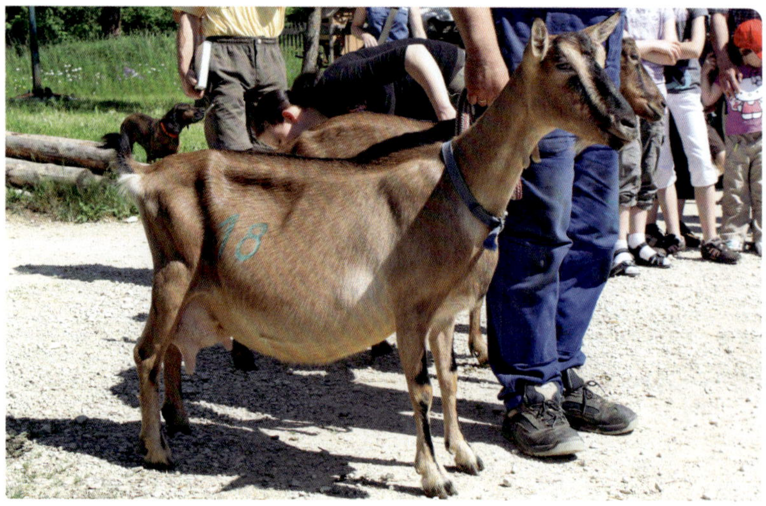

Abb. 9 Milchziegen wie diese Bunte Deutsche Edelziege sollen eine wirtschaftliche Milchproduktion sicherstellen.

2.4.1 Milchziegen

Mit diesen Rassen soll eine möglichst hohe Milchleistung erzielt werden. Zu den Milchziegen zählen zum Beispiel die Rassen Bunte und Weiße Deutsche Edelziege, Thüringer Wald Ziege, Anglo Nubier Ziege, Toggenburger Ziege und Saanenziege.

Zuchtziele Milchziegen

Im Fokus steht eine hohe Milchleistung je Laktation. In Abbildung 10 ist der mögliche Verlauf von Laktationskurven bei Ziegen dargestellt. Die Milchleistung umfasst die Milchmenge und die Milchinhaltsstoffe. **Milchinhaltsstoffe** werden als Fett- und Eiweißmenge sowie Fett- und Eiweißgehalt der Gesamtmilchmenge erfasst und züchterisch bearbeitet. Ein weiteres interessantes Merkmal ist die **Persistenz** der Milchleistung. Damit ist die Fähigkeit gemeint, eine bestimmte Milchleistung über längere Zeit aufrechtzuerhalten. Man spricht auch vom Durchhaltevermögen. Abbildung 10 zeigt zwei mögliche Laktationskurven von Ziegen. Dargestellt ist zusätzlich zur Milchleistung das Merkmal Persistenz: Bei einer guten Persistenz verläuft die Milchleistungskurve eher flach. Bei einer schlechten Persistenz steigt die Milchleistung der Ziege nach der Ablammung zunächst stark an, fällt dann nach einigen Wochen aber deutlich ab. Zum Zeitpunkt des Leistungshöhepunkts nach der Ablammung ist es schwierig, die Ziege entsprechend auszufüttern. Es kann zu einem Energiedefizit, im schlimmsten Fall zu einer Stoffwechselerkrankung wie Ketose oder Milchfieber kommen. Bei einer guten Persistenz, also einer flachen Milchleistungskurve, ist es möglich, einen Großteil der Milchleistung aus dem Grundfutter zu erzeugen. Bisher wird die Persistenz in unseren Ziegenzuchtprogrammen nicht berücksichtigt.

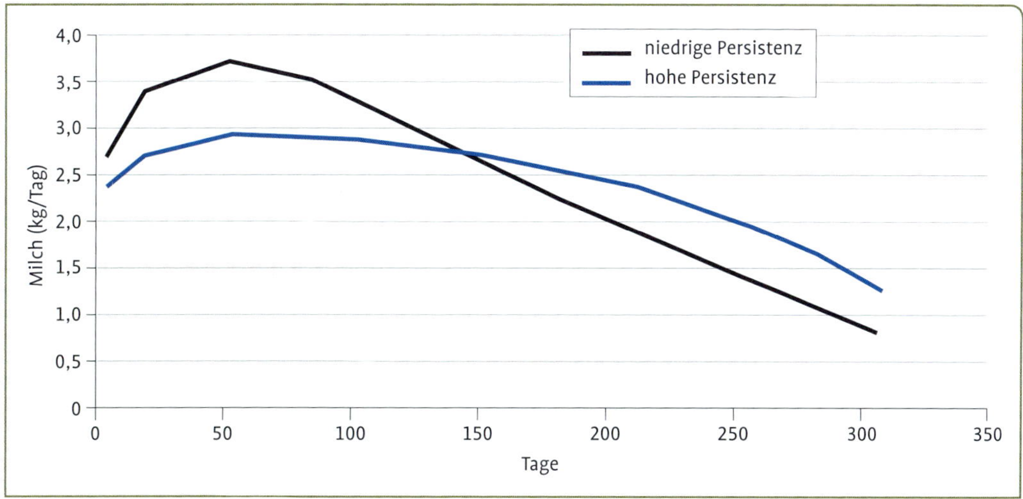

Abb. 10 Laktationskurvenverlauf bei der Ziege.

Wichtig für eine gute Milchleistung ist die Umsetzung von Nahrungsenergie in Milch. Dafür müssen die Tiere ausreichend Futter aufnehmen und verarbeiten können. Daher soll der Brust- und Bauchraum möglichst groß sein, um allen lebenswichtigen Organen sowie den Mägen ausreichend Platz zu bieten. Züchterisch gesehen heißt das, Milchziegen sollen großrahmig sein sowie lang und tief. Unter dem Rahmen eines Tieres ist das Verhältnis von Schulter- und Beckenlänge zum Stockmaß und zur Körperlänge zu verstehen. Eine großrahmige Ziege hat somit in Relation zu ihrer Größe lange Schultern und ein langes Becken. Die „Tiefe“ eines Tieres beschreibt einen großräumigen Brust- und Bauchbereich, der viel Platz für alle lebenswichtigen Organe und die Mägen der Ziege bietet. Viel Wert wird zudem auf die Größe und den Sitz des Euters sowie die Strichstellung und die Strichform gelegt.

Für die Milchleistung sind Trächtigkeit und Geburt eine Grundvoraussetzung. Das heißt, die Erzeugung von Kitzen ist mit der Milchleistung gekoppelt. Ziegen können zwar mehrere Jahre gemolken werden, ohne wieder trächtig zu werden (= **Dauermelken**). Trotzdem fallen immer wieder auch Kitze an. In der Regel können nicht alle Kitze auf dem eigenen Betrieb verbleiben und sollen daher als Fleisch vermarktet werden. Bisher wird der Fleischleistung von Milchziegen bzw. Milchziegenkitzen in der Züchtung keine Aufmerksamkeit geschenkt. Dies wäre für die Zukunft aber zu überlegen. Eine sogenannte **Doppelnutzung** für Milch und Fleisch könnte eine interessante Einkommensdiversifizierung sein.

Immer wichtiger werden Merkmale der Fitness, der Gesundheit und des Verhaltens. In den Zuchtgebieten Bayern und Baden-Württemberg wurde das gemeinsame Zuchtziel einer hohen Milchlebensleistung bei guten Milchinhaltsstoffen sowie einer guten Robustheit und Weide-

Abb. 11 Die Burenziege ist die einzige Ziege, die gezielt auf Fleischleistung gezüchtet wurde.

tauglichkeit festgelegt. Hier steht nicht die einzelne Laktationsleistung im Vordergrund, sondern die Leistung, die die Ziegen im Laufe eines möglichst langen Lebens erreichen. Damit kommt der Nutzungsdauer der Tiere eine wichtige Funktion zu. Die Nutzungsdauer der Ziegen wiederum wird von verschiedenen Fitness-, Gesundheits- und Charaktermerkmalen beeinflusst.

2.4.2 Fleischziegen

Weltweit gesehen gibt es nur eine Rasse, die im Rahmen eines Zuchtprogramms auf Fleischleistung gezüchtet wurde (Abb. 11). Dies ist die Burenziege aus Südafrika. Importe von lebenden Burenziegen, Sperma oder Embryonen aus Südafrika sind nach EU-Recht aufgrund der Einschleppungsgefahr der Blauzungenkrankheit verboten. Es gab nur wenige Sondergenehmigungen, z. B. für Forschungseinrichtungen, zum Import von Sperma, Embryonen oder lebenden Tieren. Teilweise wurden und werden Tiere aus Drittländern wie Kanada oder Neuseeland importiert. Auch hierbei ist der jeweilige Sanierungsstand (CAE, Pseudo-TB) zu beachten. So wurden die Burenziegen bei uns in Deutschland auf Basis einer Verdrängungskreuzung mit Milchziegen etabliert. Heutzutage ist die Verdrängung so weit fortgeschritten, dass fast alle Burenziegen einen sehr hohen Burenziegen-Blutanteil haben.

Zuchtziele Fleischziegen

Bei Fleischziegen steht die Fleischleistung im Fokus. Diese wird bestimmt durch die Fleischmenge und durch die Fleischqualität. Fleischziegen sollen großrahmig sein, dabei breit und tief sowie lang. Die

Rippenwölbung soll ausgeprägt und der Körper gut bemuskelt sein. Die täglichen Zunahmen bei Kitzen sollen 200–250 g betragen. Die Ausschlachtung sollte bei ≥50 % liegen. Merkmale der Fleischqualität wie Zartheit, Fleischfarbe oder Fettsäuremuster werden derzeit bei Ziegen nicht beachtet, könnten aber zukünftig an Bedeutung gewinnen.

Wichtig für eine erfolgreiche Fleischziegenhaltung ist eine gute Fruchtbarkeit der Ziegen. Burenziegen sind asaisonal, das heißt, sie können zu jeder Jahreszeit gedeckt werden. Damit ist bei gutem Management eine dreimalige Ablammung in zwei Jahren möglich. Je Lammung sollten im Durchschnitt 1,8 bis 2 Kitze geboren werden. Auch Drillingsgeburten kommen bei Burenziegen häufiger vor. Die Kitze werden von ihren Müttern aufgezogen. Somit sind gute Muttereigenschaften wichtig. Zudem sollten Fleischziegenmütter über eine gute Milchleistung verfügen, um ihre Kitze gut versorgen zu können.

In Deutschland werden Fleischziegen oft zur Landschaftspflege eingesetzt (Abb. 12). In der Landschaftspflege stehen Robustheit, Widerstandsfähigkeit gegen Krankheiten und Parasiten sowie Geländegängigkeit im Vordergrund. Die Tiere sollten nicht zu groß sondern eher mittelrahmig sein.

Abb. 12 In extensiver Haltung eignen sich Burenziegen gut für die Landschaftspflege.

2.4.3 Robustziegen

Robustziegenrassen stammen vor allem aus der Schweiz und aus Österreich. Sie werden oftmals in der Landschaftspflege eingesetzt (Abb. 13). In Österreich werden die entsprechenden Rassen als Gebirgsziegenrassen geführt. Dort wird formuliert, diese Tiere seien besonders robust und an die oft harten Bedingungen alpiner Weiden und Almen angepasst.

Zuchtziele Robustziegenrassen

Robustziegenrassen werden vorwiegend in der Landschaftspflege eingesetzt. Die Tiere sind eher mittelrahmig. Sie müssen robust, widerstandsfähig, wenig anfällig gegenüber Krankheiten und Parasiten sein sowie mit dem auf den Pflegeflächen vorhandenen Futterangebot zurechtkommen. Bei überwiegender Draußenhaltung sollten sie trotzdem keine Scheu gegenüber Menschen entwickeln. Neben der Pflegeleistung erbringen Robustziegen eine Fleischleistung, in dem z. B. die Kitze nach der Weidesaison geschlachtet werden. Aus dem Futterangebot in der Landschaftspflege sollen die Tiere eine angemessene Fleischleistung erbringen. Die meisten Robustziegenrassen haben ein kurzes Fell. Eine Ausnahme bildet die Walliser Schwarzhalsziege mit ihrem sehr

Abb. 13 Pfauenziegen sind eine gefährdete Ziegenrasse aus der Schweiz, die sich gut für eine extensive Haltung oder für die Landschaftspflege eignet.

langen Haarkleid. Bei diesen Tieren besteht die Gefahr, dass sie sich mit ihren langen Haaren in dichtem Strauchwerk verfangen. Sie sollten daher nicht auf Flächen mit sehr hohem Verbuschungsgrad eingesetzt werden.

Die hier genannten Robustziegenrassen sind saisonal. Das bedeutet, sie können im Spätsommer bis Herbst gedeckt werden und bringen von Januar bis April ihre Kitze zur Welt. Die Tiere sollten leicht-lammend sein, das heißt, keine Geburtshilfe benötigen. Eine Fruchtbarkeit von im Durchschnitt 1,5 Kitzen je Geburt stellt sicher, dass die Kitze von ihrer Mutter aufgezogen werden können. Wichtig ist eine gute Mütterlichkeit der Ziege. Da die Kitze teilweise draußen auf den Weiden zur Welt kommen ist zudem die Vitalität der Kitze von Bedeutung. Derzeit sind sowohl die Beurteilung der Mütterlichkeit als auch die Kitz-Vitalität nicht Bestandteil der Zuchtprogramme.

2.4.4 Wollziegen

Wollziegen spielen in Deutschland bisher kaum eine Rolle (vgl. Abb. 7). Hierzu gehören die Angora- und die Kaschmirziege. Angoraziegen liefern die begehrte Mohairwolle. Sie sind klein- bis mittelrahmig und am ganzen Körper bewollt. Das Haarkleid soll sehr dicht sein, der

Abb. 14 Angoraziegen auf der Weide.

Abb. 15 Kaschmirziegen können sehr unterschiedliche Fellfärbungen aufweisen.

Wollstapel gewellt und in sich gedreht. Die Wolle der Angoraziegen ist einheitlich, Grannenhaare sind nicht erwünscht. Die Tiere werden zwei Mal im Jahr geschoren und sollten einen Wollertrag von 3–6 kg pro Jahr erbringen. Der Faserdurchmesser beträgt 24–45 µm, die Faserlänge 10–25 cm. Angoraziegen gelten als empfindlich. Sie haben eine mäßige bis schlechte Fruchtbarkeit.

Kaschmirziegen sind ebenfalls klein- bis mittelrahmig. Im Gegensatz zur immer reinweißen Angoraziege gibt es bei Kaschmirziegen verschiedene Farbvarianten, von weiß über braun bis schwarz (Abb. 15). Ihr Haarkleid besteht wie bei allen anderen Ziegenrassen (außer Angoraziegen) aus zwei Schichten, dem groben Oberhaar und dem feinen Unterhaar. Das Unterhaar ist die Kaschmirfaser, die in der Regel ausgekämmt wird. Der Faserertrag pro Ziege liegt bei 80–800 g pro Jahr. Je feiner die Faser, desto geringer ist der Ertrag. Der Faserdurchmesser beträgt 15–19 µm, die Faserlänge 2–8 cm.

3 Was macht mich zum Ziegenzüchter?

Wenn Sie Ihre weiblichen Ziegen gezielt mit Böcken verpaaren, um bestimmte Eigenschaften zu fördern oder zu minimieren, dann züchten Sie. Dafür müssen Sie nicht Mitglied bei einem Zuchtverband sein und die sogenannte **Herdbuchzucht** betreiben. Allerdings können Sie dann nur Erfolge in Ihrem eigenen Betrieb erzielen. Ihre einzelbetrieblichen Zuchterfolge haben dann keine oder kaum Auswirkungen auf die Leistungen in der Gesamtpopulation der Rasse (s. Abb. 16).

Mitglieder eines Zuchtverbands können ihre Ziegen in das Herdbuch (= Zuchtbuch) eintragen lassen. Grundvoraussetzung dafür ist die eindeutige **Kennzeichnung** der Tiere. Nach europäischem Recht ist laut Viehverkehrsordnung die Einzeltierkennzeichnung bei Ziegen vorgeschrieben. Es gilt die doppelte Kennzeichnung, davon muss eine elektronisch sein (Abb. 17). In jedem Bundesland gibt es eine mit der Ausgabe von Kennzeichnungsmedien beauftragte Stelle, in der Regel ist das der Leistungskontrollverband oder die Vereinigte Informationssysteme Tierhaltung (vit). Der für Sie zuständige Ziegenzuchtverband kann Ihnen Auskunft geben, wer in Ihrem Bundesland mit der Ausgabe der Ohrmarken beauftragt ist.

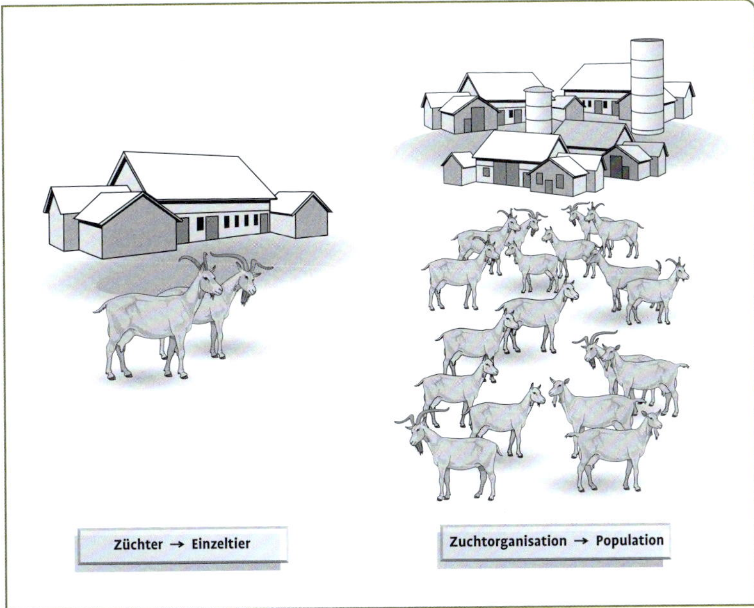

Abb. 16 Jeder Betrieb verfolgt ein eigenes Zuchtziel und kann bei seinen einzelnen Tieren Zuchterfolge erzielen. Eine Zuchtorganisation verfolgt ein Zuchtziel für die Gesamtpopulation einer Rasse.

Abb. 17 Für Ziegen ist die doppelte Kennzeichnung vorgeschrieben. Davon muss eine elektronisch sein.

Vorteile der Herdbuchzüchtung

- Lückenlose Dokumentation der Abstammung
- Teilnahme an der Leistungsprüfung
- Körung und Herdbuchaufnahme als Teil der Leistungsprüfung
- Nachvollziehbarkeit der Leistungen verschiedener Linien im eigenen Bestand
- Vergrößerung der aktiven Zuchtpopulation, wichtig insbesondere auch für gefährdete Rassen
- Aktive Teilnahme am Zuchtprogramm, Mitgestalten der Zuchtziele
- Aktive Teilhabe an der Zuchtwertschätzung
- Aktive Teilhabe am Zuchtfortschritt der Population
- Verbesserung des innerbetrieblichen Managements durch mehr Informationen
- Teilnahme an Zuchtschauen
- Verkauf von Zuchttieren

■ Die Herde von **Silke Müller** besteht aus Herdbuch- und Nicht-Herdbuchziegen. Da sie zukünftig selber züchten möchte, hat sie Kontakt mit dem zuständigen Ziegenzuchtverband aufgenommen. Ein Zuchtberater hat sich mit ihr die Leistungen der einzelnen Ziegen angeschaut und das Exterieur jeder Ziege bewertet. Bei der Thüringer Wald Ziege gibt es zusätzlich noch ein Beurteilungsschema für spezielle Rassemerkmale wie die Gesichtsmaske oder den Kehlfleck. Der Zuchtberater hat ihr empfohlen, alle rassetypischen Ziegen der Nicht-Herdbuchziegen in das Vorbuch einzutragen. Damit können die Nachkommen dieser Ziegen von Generation zu Generation im Herdbuch aufsteigen, bis sie in vierter Generation dann in die Herdbuchklasse A eingetragen werden können. Silke Müller ist mit diesem Vorgehen einverstanden. Beim Kauf ihrer Ziegen hat sie Glück gehabt, dass alle Tiere aus Beständen kamen, die an der CAE- und Pseudo-Tuberkulose-Sanierung teilnehmen und den Unverdächtigkeitsstatus haben. Somit ist auch ihr Bestand direkt unverdächtig. Sie selber wird mit ihren Ziegen auch an den Sanierungsprogrammen teilnehmen. ■

Leon Weber hat da weniger Glück gehabt. Er hat sich vor dem Kauf der Ziegen nicht mit den verschiedenen Sanierungsprogrammen befasst und hatte auch keinen direkten Kontakt zum Ziegenzuchtverband. Einer der Betriebe, aus denen er zugekauft hat, nimmt nicht an den Sanierungsprogrammen teil. Als Leon Weber nun Kontakt zum Ziegenzuchtverband aufnimmt, um sich zu erkundigen, wie er Herdbuchzüchter werden kann und welche Kosten dann auf ihn zukommen, ist er zunächst geschockt. Durch den Zukauf von Tieren mit unterschiedlichem Gesundheitsstatus muss er nun bei der CAE- und bei der Pseudo-Tuberkulose-Sanierung von null anfangen. Zudem kommt keines seiner Tiere aus einem Zuchtbetrieb, daher müssten alle Tiere in das Vorbuch aufgenommen werden. Sein Zuchtberater rät ihm, direkt alle weiblichen Tiere eintragen zu lassen und beim nächsten Bockkauf auf jeden Fall einen Herdbuchbock zu kaufen.

Bei einem Zuchtprogramm kommt es auf die Beteiligung jeden einzelnen Züchters an. Es ist wichtig, dass die Gemeinschaft der Züchter eng zusammenarbeitet und gemeinsame Ziele konsequent verfolgt. Damit kommen auf jeden Züchter im Rahmen des Zuchtprogramms auch Aufgaben zu, die regelmäßig zu erledigen sind.

Aufgaben eines Züchters im Rahmen des Zuchtprogramms

- Voraussetzung für einen Neueinstieg als Züchter ist die Mitgliedschaft in einem Ziegenzuchtverband
- Alle Tiere müssen in das Herdbuch eingetragen sein. In Ausnahmefällen kann auch nur ein Teil des Bestands in das Herdbuch eingetragen sein.
- Alle Tiere müssen korrekt gekennzeichnet sein (nach Viehverkehrsverordnung)
- Erfüllen von Meldepflichten:
  - Ablamm- und Geburtsmeldung
  - Deckregister
  - Bestandsveränderungen, Verbringungsmeldungen (nach Viehverkehrsverordnung)
- Teilnahme an der Leistungsprüfung
  - Milch- oder Fleischleistungsprüfung (je nach Rasse)
  - Fruchtbarkeitsleistung
  - Exterieurbewertung, eventuell lineare Beschreibung
  - Gesundheits- und Robustheitsmonitoring (freiwillig)

4 Was ist ein Zuchtprogramm?

Ein Zuchtprogramm ist die systematische Abfolge züchterischer Maßnahmen. Der Zweck eines Zuchtprogramms ist, einem bestimmten Zuchtziel näherzukommen. Dafür muss in der Zuchtpopulation **Zuchtfortschritt** erreicht werden. Abbildung 18 zeigt die Abfolge der verschiedenen Maßnahmen in einem Zuchtprogramm und die dafür zuständigen Stellen in der Ziegenzüchtung.

Nach dem Tierzuchtgesetz können Zuchtprogramme nur von anerkannten Zuchtorganisationen durchgeführt werden. In der Ziegenzüchtung gibt es in jedem Bundesland noch mindestens einen **Ziegenzuchtverband** bzw. in einigen Bundesländern agieren Schaf- und Ziegenzuchtverband gemeinsam (Adressen s. Kapitel Serviceteil). Für jede Rasse, für die ein Zuchtbuch geführt wird, muss der zuständige Zuchtverband auch ein Zuchtprogramm formulieren. Hierbei ist zwischen Leistungs- und Erhaltungszuchtprogrammen zu unterscheiden. Bei **Leistungszuchtprogrammen** steht der Zuchtfortschritt im Sinne des Zuchtziels im Vordergrund.

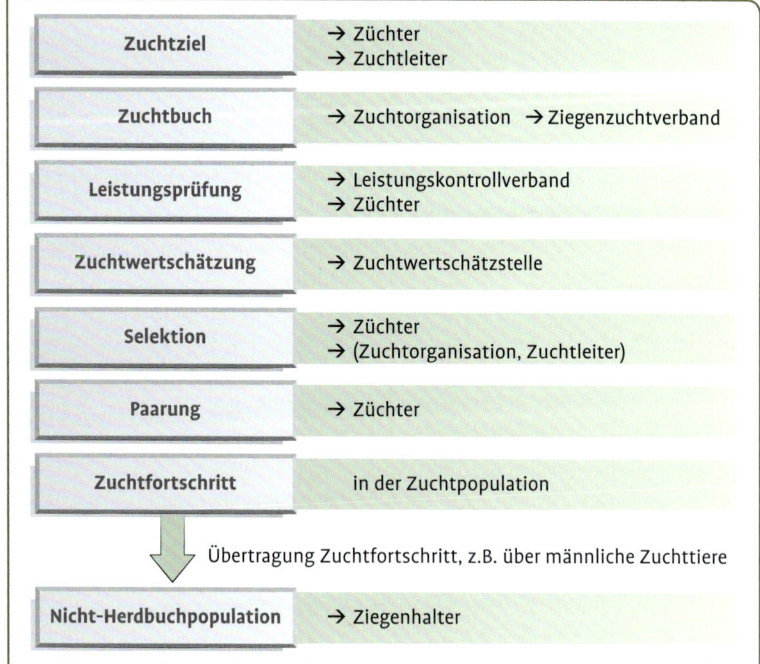

Abb. 18 Ein Zuchtprogramm ist die Abfolge bestimmter Maßnahmen in der Zuchtpopulation. Wichtig ist die Übertragung des Zuchtfortschritts aus der Zuchtpopulation in alle ziegenhaltenden Betriebe.

Abb. 19 Weiße Deutsche Edelziegen waren früher die häufigste Milchziegenrasse in Deutschland. Heute sind sie in ihrem Bestand gefährdet und gelten als Beobachtungspopulation.

■ **Max Gruber** ist eine hohe Milchleistung seiner Bunten Deutschen Edelziegen sehr wichtig. Er ist stolz, wenn bei der Jahresmitgliederversammlung seine Ziegen und sein Betrieb in der Hitliste des Zuchtleiters für Milch-Höchstleistungen genannt werden. Um dieses Ziel zu erreichen, versucht er, seinen Ziegen eine möglichst optimale Umwelt, vor allem eine ausgewogene Fütterung zu bieten, damit sie ihr genetisches Potenzial ausschöpfen können. Es ist ihm zudem wichtig, dass seine Ziegen die an Bockmütter gestellten Anforderungen an Milch-, Fett- und Eiweißmenge erfüllen, damit er auf dem Bockmarkt regelmäßig ein bis zwei selbstgezogene Jungböcke vorstellen und verkaufen kann. ■

■ **Reiner Pütz** ist ebenfalls eine hohe Milchleistung seiner Ziegen wichtig. Dabei legt er besonderen Wert auf die Inhaltsstoffe. Um in seiner Herde einen stetigen Zuchtfortschritt zu erzielen, sind ihm die Kriterien, die an Bockmütter gestellt werden, besonders wichtig. Immer wieder fordert er in seinem Ziegenzuchtverband möglichst hohe Anforderungen an die Bockmütter ein. Ihm ist bewusst, dass ein Ziegenbock deutlich mehr Nachkommen als eine Ziege zeugt und dass dieser damit seine Gene viel weiter in der Population streut. Daher ist es ihm wichtig, dass an die Zucht von Böcken besondere Anforderungen gestellt werden. ■

Erhaltungszuchtprogramme werden in kleinen Populationen durchgeführt. Hier steht vor allem der bewahrende Gedanke im Vordergrund. Die genetische Vielfalt, die bei den noch vorhandenen Tieren besteht, soll erhalten werden. Die Vermeidung von Inzucht steht hier noch mehr im Fokus als in Leistungszuchtprogrammen. Ein moderater Zuchtfortschritt ist jedoch erwünscht.

■ **Silke Müller** hat sich mit der Thüringer Wald Ziege bewusst für eine gefährdete Ziegenrasse entschieden. Damit ist von Anfang an ihr züchterisches Geschick gefragt, um in der großen Herde möglichst viel Vielfalt zu bewahren.

Dazu muss sie verschiedene Böcke als Vatertiere einsetzen und zudem die Verwandtschaft ihrer Tiere im Blick haben. Trotzdem ist für sie als Erwerbsmilchziegenhalterin natürlich eine gute Milchleistung ihrer Ziegen wichtig. Allerdings strebt sie hier eine optimale Leistung bei hoher Persistenz unter eher extensiven Fütterungsbedingungen an. ■

4.1 Zuchtwertschätzung

Jeder Ziegenhalter und -züchter möchte gerne wissen, welche Eigenschaften seine Ziegen an ihre Nachkommen vererben (s. Abb. 20). Dafür ist die Zuchtwertschätzung ein Hilfsmittel. Mittels mathematisch-statistischer Verfahren versucht sie, **genetische Effekte** von sogenannten systematischen Umwelteffekten zu trennen. Die Umwelt kann der Ziegenhalter selber beeinflussen. Unter systematischen **Umwelteffekten** sind Faktoren wie die Haltung, die Fütterung, die Mensch-Tier-Beziehung und viele weitere zusammengefasst. Die genetisch festgelegten Eigenschaften sind in der DNA der Tiere festgelegt und für uns erst einmal unsichtbar. Mit jeder Ei- oder Samenzelle gibt ein Tier die Hälfte seiner genetischen Eigenschaften an die Nachkommen weiter. Beim Entstehen der Ei- oder Samenzellen werden die genetischen Eigenschaften jedes Mal neu gemischt.

Abb. 20 „Was wir wissen wollen."

Vererbung

Die Erbanlagen werden als Genom bezeichnet. Im Genom liegen die Informationen in den **Chromosomen**. Diese kommen im Zellkern der meisten Zellen vor. Bei der Ziege sind, wie bei vielen anderen Tieren und uns Menschen, die Chromosomen im Zellkern paarweise vorhanden. Ziegen haben 30 Chromosomenpaare, also 60 Chromosomen. Die Chromosomen bestehen aus der Desoxyribonukleinsäure, nach dem englischen Begriff **D**esoxyribo-**N**ucleic-**A**cid meistens als **DNA** bezeichnet. Die DNA besteht aus Zucker, Phosphatbrücken und den organischen Basen Adenin, Cytosin, Guanin und Thymin. In dem Grundgerüst der DNA (Doppelhelix) liegen sich die organischen Basen gegenüber. Es können sich immer nur Adenin mit Thymin und Cytosin mit Guanin über Wasserstoffbrücken verbinden. Somit ist durch die Basenabfolge eines DNA-Stranges die Abfolge des gegenüberliegenden Stranges festgelegt.
Biologische Prozesse im Körper werden hauptsächlich durch Eiweiße gesteuert. Bestimmte Abschnitte in der DNA enthalten sozusagen Baupläne für diese Eiweiße. Diese Abschnitte werden als **Gene** bezeichnet. Die Position, in der sich das Gen auf dem Chromosom befindet, wird als **Genort** oder Locus bezeichnet. Es gibt meistens verschiedene Varianten der Gene, die dann **Allele** genannt werden. Diese unterscheiden sich in der Abfolge einzelner oder mehrerer Basenpaare. Verschiedene Allele eines Gens können verschiedene Merkmalsausprägungen bewirken, zum Beispiel unterschiedliche Fellfarben oder eine höhere oder niedrigere Milchleistung. Da in einer Zelle die Chromosomen doppelt vorliegen, liegt auch jedes Gen doppelt vor. Die Kombination dieser beiden Genvarianten wird als **Genotyp** bezeichnet. Auf den Genort bezogen kann der Genotyp homozygot oder heterozygot sein. Bei Homozygotie liegen an einem Genort zwei Kopien des gleichen Allels vor. Bei Heterozygotie liegt eine Kopie von zwei verschiedenen Allelen des gleichen Gens vor.
Als **genetische Marker** werden Varianten der Basenabfolge genannt, die sich mit bestimmten Methoden eindeutig darstellen lassen. Wie Gene haben genetische Marker eine ganz bestimmte Position auf einem Chromosom. Genetische Marker dienen als Referenzpunkte, um bestimmte Chromosomenregionen abzugrenzen und deren Vererbung nachzuvollziehen. Bei den genetischen Markern handelt es sich in der Regel nicht um Gene. Verschiedene Varianten eines Markers werden trotzdem ebenfalls als Allel bezeichnet. Durch Abgleich mit Leistungsdaten wird die Wahrscheinlichkeit ermittelt, mit der Tiere, die bestimmte genetische Marker tragen, auch bestimmte Eigenschaften vererben. Mittels der genetischen Marker kann auch die Korrektheit der Abstammung eines Tieres überprüft werden. Zur Erklärung der Begriffe Marker und Gen kann eine Metapher dienen (nach Becker, 2011): „Wenn man in Bayern eine Wanderung unternimmt und Lust auf ein kühles Bier bekommt, sollte man nach einem Kirchturm Ausschau halten. In Bayern liegt nämlich neben jeder Kirche ein Wirtshaus. Der weithin sichtbare Kirchturm ist der „Marker", das in unmittelbarer Nähe liegende Wirtshaus ist das eigentliche Ziel."

Für die Ermittlung der **Zuchtwerte** werden die verschiedenen Datenquellen (Abstammungs- und Leistungsdaten) aus den Datenbanken kombiniert. Stand der Technik ist derzeit das **BLUP-Tiermodell** (BLUP = Best Linear Unbiased Prediction). Tiermodell bedeutet, dass die Berechnung der Zuchtwerte für alle männlichen und weiblichen Tiere gleichzeitig in einem Rechengang erfolgt. Über eine Verwandtschaftsmatrix, die die Verwandtschaft aller Tiere in der Population miteinander darstellt, werden die Leistungen sämtlicher bekannter und verwandter Tiere berücksichtigt. Best Linear Unbiased Prediction (= beste linear unverzerrte Vorhersage) bedeutet, die Schätzung der Zuchtwerte und die Korrektur systematischer Umwelteffekte erfolgt zur gleichen Zeit. So kann es zu keiner Verzerrung der Zuchtwerte kommen. Für jedes Tier wird so ein Zuchtwert berechnet. Zuchtwerte sind populationsspezifisch und nicht auf andere Populationen oder Rassen übertragbar (Abb. 21).

Für Jungtiere, die noch keine eigenen Leistungen aufweisen, auf deren Basis ein Zuchtwert geschätzt werden könnte, kann der sogenannte **Pedigreezuchtwert** berechnet werden:

Pedigreezuchtwert = ½ Zuchtwert Vater + ½ Zuchtwert Mutter

Eine Aussage über die Zuverlässigkeit der Zuchtwerte trifft die Sicherheit. Diese ist ein Maß für die Beziehung, die sogenannte Korrelation, zwischen dem wahren (= unbekannten) und dem geschätzten Zuchtwert. Die Sicherheit wird in Prozent angegeben. Sie ist abhängig von der Anzahl verfügbarer Informationen und von der Erblichkeit

Abb. 21 Weiße Deutsche Edelziege (a) bei einer Ziegenschau in Deutschland und Saanenziegen in der Schweiz (b). Vom Erscheinungsbild ähnlich, die Zuchtwerte sind aber nicht direkt vergleichbar, da es sich um zwei verschiedene Populationen handelt.

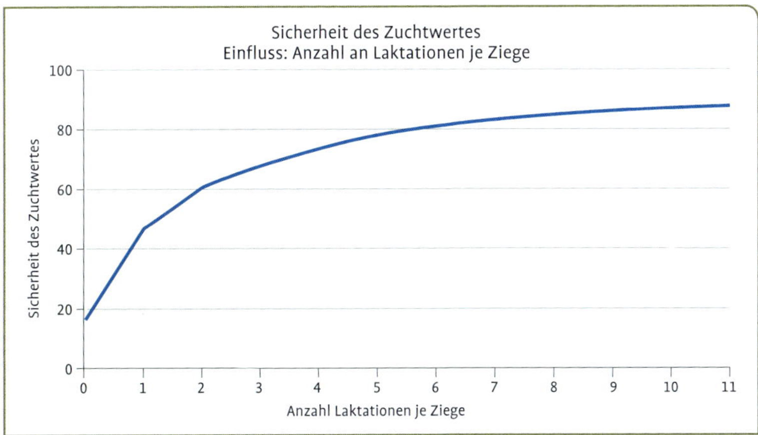

Abb. 22 Eine Ziege kann durch jede Laktation eine höhere Sicherheit ihrer Zuchtwerte für Milchleistungsmerkmale erreichen.

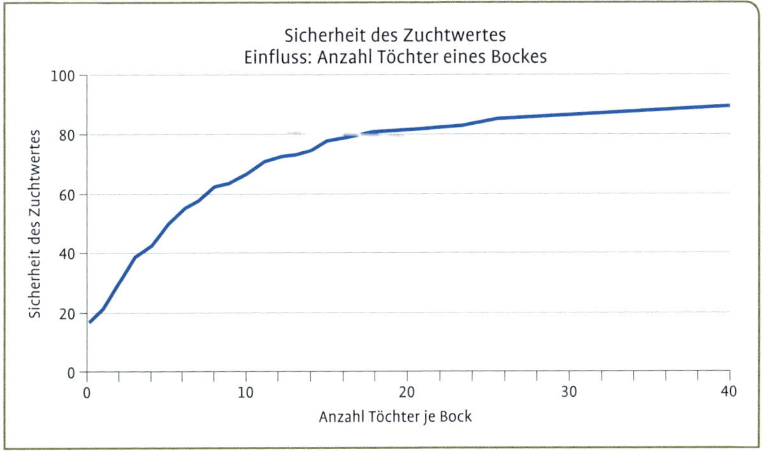

Abb. 23 Je mehr Töchter eines Bockes unter Milchleistungsprüfung stehen, umso höher wird die Sicherheit seiner Zuchtwerte für Milchleistungsmerkmale.

(= **Heritabilität**) eines Merkmals. Die Abbildungen 22 und 23 zeigen die Sicherheit des Zuchtwerts für das Merkmal Milchmenge, abhängig von der Anzahl der Laktationen (Eigenleistung) und abhängig von der Anzahl der Töchter eines Bockes (Nachkommenleistung).

In Deutschland gibt es bisher nur in Bayern und Baden-Württemberg Zuchtwerte für Bunte und Weiße Deutsche Edelziegen. Zuständige Stelle für die Ermittlung der Zuchtwerte für Ziegen ist das Zuchtwertschätzteam Baden-Württemberg am Landesamt für Geoinformation und Landentwicklung in Kornwestheim. Derzeit werden Zuchtwerte für Milchleistungs- und Exterieurmerkmale berechnet.

Zuchtwerte können als Natural- oder als Relativzuchtwerte ausgegeben werden. **Naturalzuchtwerte** haben immer die physikalische Einheit ihres Ausgangsmerkmales, z. B. Kilogramm. Dieses erschwert die Vergleichbarkeit zwischen den Zuchtwerten verschiedener Merk-

Abb. 24 Junge Ziegen – Pedigreezuchtwerte unterstützen die Beurteilung des genetischen Potenzials.

male. Daher werden die Naturalzuchtwerte zu **Relativzuchtwerten** umgewandelt. Bei Ziegen werden dabei die Zuchtwerte der aktuellen Population auf 100 gesetzt und die Streuung der wahren Zuchtwerte auf 20 Punkte. Die aktuelle Population wird dabei über sogenannte **Referenztiere** beschrieben. Es gibt eine Gruppe von Referenztieren für die Bunte und eine Gruppe für die Weiße Deutsche Edelziege. Für beide Rassen werden als Referenztiere jeweils alle männlichen und weiblichen Tiere berücksichtigt, die nicht älter als zehn Jahre sind. Damit liegt der Zuchtwertschätzung eine gleitende Basis zugrunde, die sich mit jeder Zuchtwertschätzung verändert. Zusätzlich müssen Referenztiere eine Sicherheit von >60 % (BDE) bzw. >50 % (WDE) des geschätzten Milchwertes aufweisen. Diesen Grenzwert erfüllten zur Zuchtwertschätzung 2017 insgesamt 2306 BDE- und 1545 WDE-Tiere. Die Zuchtwerte werden ab einer Sicherheit von 20 % ausgewiesen.

Eine Herausforderung in der Zuchtwertschätzung für Ziegen ist derzeit noch die geringe Verknüpfung der Herden: Da in der Ziegenzüchtung die Fortpflanzung in der Regel mit Natursprung erfolgt, halten viele Betriebe einen oder mehrere eigene Ziegenböcke. Diese Böcke werden oft nur in diesem einen Betrieb eingesetzt und dann geschlachtet. Dadurch haben Ziegenböcke oftmals Nachkommen in nur einem oder in sehr wenigen Betrieben. Das erschwert die Berechnung der Zuchtwerte, da es dann schwierig ist, die genetischen und die Umwelteffekte voneinander zu trennen.

Ein Beispiel: Wenn **Max Gruber** einen Bock nur in seinem Bestand einsetzt, so zieht er von seinen drei Ziegen vielleicht zwei weibliche Tiere als Nachzucht auf. Bei Max Gruber werden die Ziegen sehr intensiv gefüttert. Somit sind die exzellenten Haltungsbedingungen und das genetische Potenzial der beiden Jungziegen gemeinsam für deren hervorragende Einsatzleistung verantwortlich. Bei der Berechnung der Zuchtwerte kann zwischen den Umwelt- und den genetischen Effekten nicht getrennt werden, da der Bock nur diese beiden Nachkommen hat. Hätte Max Gruber allerdings einen Bock von einem größeren landwirtschaftlichen Biobetrieb mit extensiverer Fütterung, Haltung in einer großen Herde im Laufstall und auf der Weide gekauft, und hätte der Bock dort noch zusätzliche zehn Töchter, die in die Milchleistungsprüfung kommen, dann wären das ganz andere Voraussetzungen für die Ermittlung des Zuchtwertes. Durch die Töchter in verschiedenen Haltungsumwelten könnte nun viel besser zwischen den Umwelt- und den genetischen Effekten getrennt werden.

4.1.1 Welche Zuchtwerte gibt es?

Das Zuchtwertschätzsystem entwickelt sich ständig weiter. Zunächst hat man die Zuchtwertschätzung für Milchleistungsmerkmale aufgebaut, da hier auf eine Vielzahl von Daten zurückgegriffen werden konnte. Im Jahr 2014 wurden erstmals Zuchtwerte für Milchleistungsmerkmale veröffentlicht. Dies sind naturale Zuchtwerte für Milch-, Fett- und Eiweißmenge sowie für den Fett- und Eiweißgehalt. Zudem wird ein zusammenfassender Milchwert berechnet. Dieser ist ein Relativzuchtwert. Zur Berechnung des Milchwertes (MW) werden die verschiedenen Merkmale mit ihren wirtschaftlichen Gewichten multipliziert. Die Basis der wirtschaftlichen Gewichte bilden die Grenznutzen der Milch-, Fett- und Eiweißmenge. Dafür wurden die Auszahlungspreise einer Molkerei verwendet: 0,27 €/kg Milch, 7,00 €/kg Fett und 8,50 €/kg Eiweiß. Dieser Grenznutzen wird multipliziert mit der genetischen Standardabweichung der Merkmale, um die unterschiedlichen Erblichkeiten zu berücksichtigen. Dieses Produkt sind dann die wirtschaftlichen Gewichte.

Der Index zur Berechnung des Milchwertes lautet:
MW = 0,27 × Milchmenge + 0,39 × Fettmenge + 0,34 × Eiweißmenge

Die Exterieurzuchtwerte werden als Relativzuchtwerte ausgewiesen. Sie werden ebenfalls auf einen Mittelwert von 100 und eine genetische Standardabweichung von 20 Punkten standardisiert. Die Basisgruppe der Zuchtwertschätzung berücksichtigt weibliche Tiere, die nicht älter als zehn Jahre sind. Es handelt sich um eine gleitende Basis. Für diese Tiere liegt eine Eigenleistung vor. Die Zuchtwerte werden für die Ziegen ab einer Sicherheit von 20 % ausgewiesen. Bei der Interpretation der Relativzuchtwerte für Exterieurmerkmale ist darauf zu achten, dass ein hoher Relativzuchtwert nicht dem züchterischen Optimum

Abb. 25 Der BDE-Bock „Gabriel“ hat elf Töchter, die linear beschrieben wurden. Damit erreichen seine Zuchtwerte für Exterieurmerkmale eine Sicherheit über 50 %.

gleichzusetzen ist. Für bayerische und baden-württembergische Böcke der Rassen BDE und WDE wurden mit der Januar-Zuchtwertschätzung 2018 erstmals die Relativzuchtwerte der Exterieurmerkmale in Form von Balkendiagrammen auf der Internetseite des Zuchtwertschätzteams Baden-Württemberg veröffentlicht. Inzwischen sind die Linearprofile wie auch die Milchzuchtwerte Bestandteil des ZieZi-Zuchtwertinformationssystems. Mit dem **Ziegen-Zuchtwert-Informationssystem (ZieZi)** gibt es eine internetbasierte Datenbank, mit der die aktuellen Zuchtwerte aller in Bayern und Baden-Württemberg eingesetzten Ziegenböcke abgerufen werden können. Böcke, für die in ZieZi Exterieurzuchtwerte dargestellt werden, müssen mindestens fünf linear beschriebene Töchter haben. Das entspricht in etwa einer Sicherheit von 50 % (Abb. 25). In Abbildung 26 ist das Linearprofil eines BDE-Bockes dargestellt.

Abb. 26 Linearprofil BDE-Bock Gabriel.

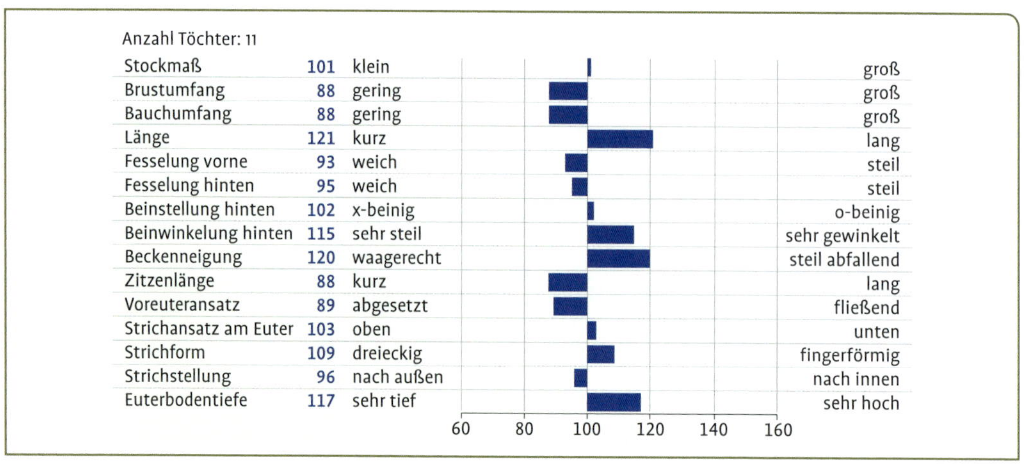

In anderen europäischen Ländern gibt es ebenfalls Zuchtwertschätzsysteme für Ziegen. In Frankreich gibt es für die beiden Milchziegenrasen Alpine und Saanenziege eine Zuchtwertschätzung für die beiden Merkmalskomplexe „Produktion“ und „Exterieur“. Es wird jeweils ein **Zuchtwertindex** aus den verschiedenen Merkmalen gebildet, beide Indexe werden zu einem Gesamtzuchtwert oder Gesamtindex zusammengefasst:

Index Production Caprin (IPC) = Eiweißmenge + 0,4 × Eiweißgehalt + 0,2 × Fettmenge + 0,1 × Fettgehalt

Index morphologique (IMC) Alpine = 1,5 × Euterprofil + Euterboden + Euteraufhängung (Seite) + Hintereuteraufhängung

Index morphologique (IMC) Saanen = Euterprofil + Euterboden + Euteraufhängung (Seite) + 0,5 × Hintereuteraufhängung

Index Combiné Caprin (ICC) Alpine = IPC + 0,5 × IMC

Index Combiné Caprin (ICC) Saanen = IPC + 0,6 × IMC

Zusätzlich werden Zuchtwerte für das Merkmal logarithmierte Zellzahl (Somatic Cell Score, SCS) geschätzt und veröffentlicht.

In Österreich gibt es eine Zuchtwertschätzung für alle Ziegenrassen. Dabei werden die Merkmalskomplexe Milch (für die Rassen Saanenziege, Gemsfarbige Gebirgsziege, Bunte Edelziege, Thüringer Wald Ziege) und Fitness betrachtet. Unter den Merkmalskomplex Fitness fallen die Merkmale Persistenz, Zellzahl, Erstlammalter, Anzahl geborener und Anzahl lebend geborener Kitze. Die Fitnessmerkmale werden zu einem Fitnesswert kombiniert (s. Tab. 1). Der Fitnesswert ist für Milchziegen und die weiteren Ziegenrassen unterschiedlich definiert. Milch- und Fitnessmerkmale werden für die Milchrassen zu einem Gesamtzuchtwert kombiniert.

Tab. 1 Fitnesswert bei verschiedenen Ziegenrassen in Österreich.

Merkmal	Milchziegen	Weitere Ziegen
Geborene Kitze	14,7 %	68,1 %
Lebend geborene Kitze	6,9 %	31,9 %
Zellzahl	40,9 %	
Persistenz	37,5 %	
	100 %	100 %

Der Gesamtzuchtwert (GZW) für die Milchziegenrassen ist in Österreich folgendermaßen definiert:

GZW = 0,206 × Milch-kg + 0,19 × Fett-kg + 0,204 × Eiweiß-kg
+ 0,059 × geborene Kitze + 0,028 × lebend geborene Kitze
+ 0,136 × Zellzahl + 0,15 × Persistenz

4.1.2 Was sagen mir die Zuchtwerte?

Für Ziegenzüchter und -halter sind Zuchtwerte ein ganz neues Handwerkszeug. Bisher wurden Ziegen anhand ihrer absoluten Leistungen selektiert. Dann sind jedoch das genetische Potenzial – das, was in den Tieren steckt – und die Umwelteffekte – das, was der Halter den Ziegen bietet – miteinander vermischt. Es kann sein, dass ein Tier mit hohen

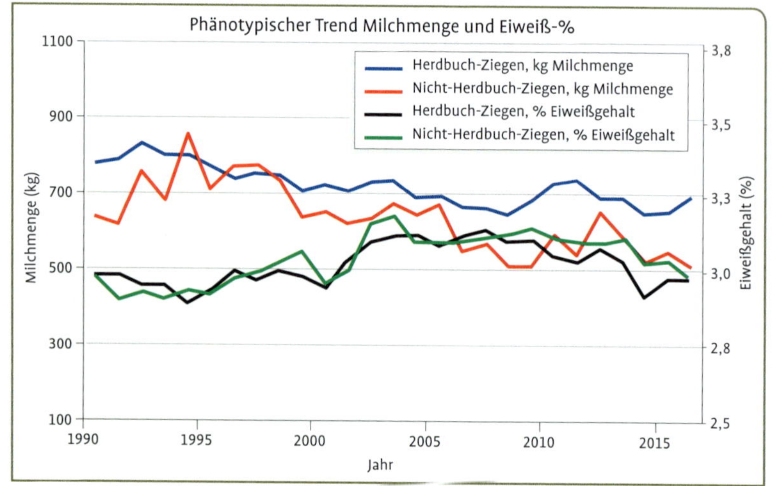

Abb. 27 Phänotypischer Trend von Milchmenge und Eiweiß-% bei Bunten Deutschen Edelziegen in Baden-Württemberg.

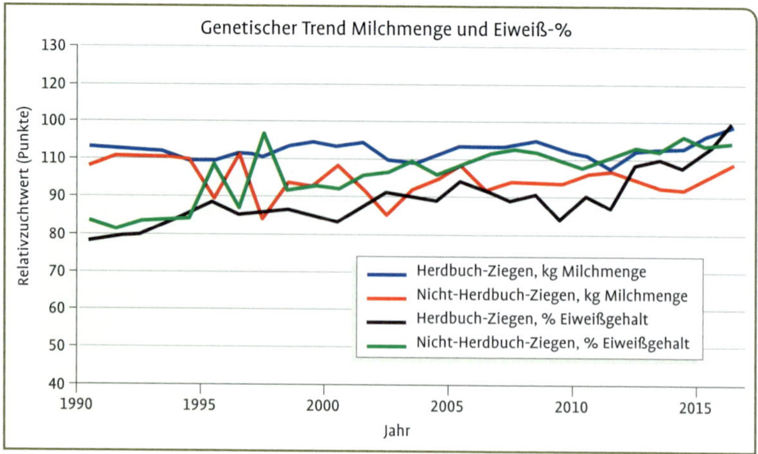

Abb. 28 Genetischer Trend von Milchmenge und Eiweiß-% bei Bunten Deutschen Edelziegen in Baden-Württemberg.

Milchleistungen im eigenen Stall dann gar nicht die erwartete Leistung erbringt, da die Fütterung eine völlig andere ist oder die Ziege nicht gewohnt ist, sich ihr Futter mit vielen anderen Ziegen zu teilen.

Schaut man sich die phänotyptischen (Abb. 27) und genetischen (Abb. 28) Trends an, hier am Beispiel der Bunten Deutschen Edelziege, so ist abzulesen, dass es bisher so gut wie keinen Zuchtfortschritt in den Milchleistungsmerkmalen gab. Zudem unterscheiden sich Zucht- und Produktionspopulation kaum in ihren Leistungen. Weiter zurückgehende Untersuchungen konnten aufzeigen, dass es schon seit über 100 Jahren keinen Zuchtfortschritt bei den Milchleistungsmerkmalen der Bunten und Weißen Deutschen Edelziegen gegeben hat. Dies kann für das Exterieur auch an Bildern von heute und früher deutlich gemacht werden (Abb. 29). Es sind kaum Unterschiede im Typ, in der Euterform oder in der Größe erkennbar. Dies ist eine Folge davon, dass bisher rein nach phänotypischen Werten selektiert wurde. Daher konnte nie zwischen dem genetischen Vermögen eines Tieres und dem Einfluss seiner Umwelt unterschieden werden.

Der Zuchtwert ist eine neutrale Information, welches Potenzial in einem Tier steckt. Jeweils die Hälfte davon gibt es an seine Nachkommen weiter. Allerdings kann niemand ganz genau vorhersehen, wie die Gene kombiniert werden. Und daher gibt es trotz der genaueren Information der Zuchtwerte doch immer wieder Überraschungen – gute und weniger gute.

Mithilfe von Zuchtwerten können Tiere viel gezielter miteinander angepaart werden, als das auf der Basis der phänotypischen Werte möglich ist. Insbesondere auch in Bezug auf die Exterieurmerkmale kann mithilfe der Linearprofile eine ausgleichende Anpaarung vorgenommen werden. Für Jungtiere ohne eigene Leistung liegen schon Pedigreezuchtwerte vor, die sowohl eine gezielte Selektion der voraussichtlich besten Tiere ermöglichen als auch die **gezielte Anpaarung** schon zur ersten Belegung.

Abb. 29 Bild von einer Bunten Deutschen Edelziege bei einer Ziegenschau in den 1950er-Jahren (a) und in den 2000er-Jahren (b). Im Erscheinungsbild sind keine Unterschiede zu erkennen.

Abb. 30 Der Auswahl der Ziegenböcke kommt eine hohe Bedeutung zu. Böcke können deutlich mehr Nachkommen haben als weibliche Tiere. Dadurch haben sie einen größeren Einfluss auf den Zuchtfortschritt.

4.2 Durchführung eines Zuchtprogramms

Elementare Bestandteile eines Zuchtprogramms sind neben den Zuchtzielen das Führen eines **Zuchtbuchs** sowie die Durchführung von **Leistungsprüfungen** für die Zuchtzielmerkmale. Können Zuchtzielmerkmale nicht direkt erfasst werden bzw. ist ihre Erfassung sehr schwierig oder sehr aufwendig, so werden teilweise Hilfsmerkmale in der Leistungsprüfung erfasst. Das Zuchtbuch, über das die Pedigrees (= die Abstammung) der Zuchttiere verfügbar sind, sowie die Daten der Leistungsprüfung bilden die Basis für die Zuchtwertschätzung.

Zuchtwerte sind wichtige Hilfsmittel für die Züchter bei der Selektion der besten Tiere. Die besten männlichen und weiblichen Tiere sollten dann gezielt miteinander angepaart werden, um einen möglichst hohen Zuchtfortschritt in der Nachkommengeneration zu erzielen. Zuchtfortschritt auf Ebene einer Rasse kann nur innerhalb der Zuchtpopulation erfolgen. Der Zuchtfortschritt kann dann z. B. über männliche Tiere in Nicht-Zuchtbetriebe übertragen werden. Auf Einzeltierebene kann jeder Betrieb Zuchtfortschritt erzielen. Dieser trägt aber nur zum Gesamtzuchtfortschritt bei, wenn die Tiere im Herdbuch registriert sind. In Abbildung 31 ist der Fluss der verschiedenen Maßnahmen im Rahmen eines Zuchtprogramms dargestellt.

In jedem Zuchtverband gibt es einen **Zuchtleiter**. Dieser ist entweder Verbands- oder staatlicher Angestellter. Der Zuchtleiter unterstützt die Verbandsgremien bei der Entwicklung der Zuchtstrategien. Er

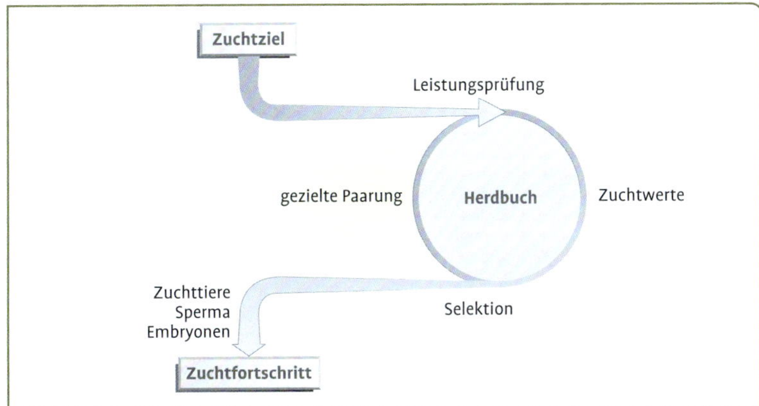

Abb. 31 Ein Zuchtprogramm ist ein stetiger Kreislauf der verschiedenen Maßnahmen. Zuchtfortschritt kann aus dem System über Zuchttiere, Sperma oder Embryonen exportiert werden (nach Bernhard Glöckler).

erarbeitet Vorschläge zur Zuchtzielsetzung und unterstützt bei der Planung und Durchführung der Zuchtprogramme. Er entwickelt die Anforderungen an Zuchttiere verschiedener Selektionspfade im Rahmen der Zuchtprogramme und wirkt selbst bei der Auslese dieser Tiere mit, etwa als Mitglied der Körkommission oder bei der Herdbuchaufnahme. In manchen Bundesländern sind dem Zuchtleiter noch Mitarbeiter zur Seite gestellt, die z. B. Herdbuchaufnahmen oder Beratung zu züchterischen Fragen in den Betrieben durchführen.

Das Tierzuchtgesetz

Mit dem Gesetz zur Neuordnung des Tierzuchtrechts (Tierzuchtgesetz 2019), das am 25. Januar 2019 in Deutschland in Kraft trat, wurde das bestehende Tierzuchtgesetz von 2006 an die neuen Vorgaben und Verfahren der „EU-Tierzuchtverordnung" (VO (EU) 2016/1012) angepasst. Das Tierzuchtgesetz regelt die Zucht von Rindern und Büffeln, Schweinen, Schafen, Ziegen sowie Hauspferden und Hauseseln. Das Tierzuchtgesetz regelt unter anderem,

- welche Behörden für die Tierzüchtung zuständig sind,
- wie Anerkennungsverfahren für Zuchtinstitutionen zu verlaufen haben,
- die Genehmigung von Zuchtprogrammen,
- das Monitoring zur Erhaltung der genetischen Vielfalt,
- das Anbieten, die Abgabe und die Verwendung von Samen, Eizellen und Embryonen sowie den Handel mit reinrassigen Zuchttieren und Vorbuchtieren.

Ein wichtiger Punkt in dem neuen Gesetz ist die Neuordnung der Anerkennungsverfahren. Die Anerkennung von Zuchtverbänden oder Zuchtunternehmen und die Genehmigung von Zuchtprogrammen werden nun in zwei separate Vorgänge getrennt. Damit hat man erstmalig ein EU-weit gültiges Verfahren für die Genehmigung von Zuchtprogrammen etabliert, die von Zuchtverbänden oder Zuchtunternehmen in mehreren Mitgliedstaaten durchgeführt werden sollen. Dadurch werden Zuchtprogramme immer unabhängiger von hoheitlichen regionalen Zuchtgebieten.

Abb. 32 Walliser Schwarzhalsziegen bei der Landschaftspflege.

4.2.1 Reinzucht und Kreuzungszucht

Wenn Tiere einer Rasse miteinander verpaart werden, spricht man von **Reinzucht**. Durch Reinzucht haben sich seit Ende des 19. Jahrhunderts unsere heutigen Rassen entwickelt. Dadurch, dass ständig ähnliche Individuen miteinander verpaart werden, werden auch die Rassen in ihren Eigenschaften genetisch und in ihren Leistungen phänotypisch einheitlicher. Oder wissenschaftlich ausgedrückt: Der Homozygotiegrad in der Population nimmt zu.

Es gibt einige wenige Populationen mit einem geschlossenen Zuchtbuch. Dann können nur noch Tiere in das Herdbuch eingetragen werden, deren Eltern auch schon eingetragen waren. Das bekannteste Beispiel für eine Rasse mit geschlossenem Zuchtbuch ist das Englische Vollblut. In der Ziegenzüchtung gibt es keine geschlossenen Zuchtbücher. Für rassetypische weibliche Ziegen gibt es bei allen Rassen die Möglichkeit, in das Vorbuch aufgenommen zu werden. Die Nachkommen können dann jeweils eine Herdbuchklasse aufsteigen. Zudem sind in der Ziegenzüchtung bei einigen Rassen sogenannte **Äquirassen** zugelassen. Das ist z. B. bei der Bunten Deutschen Edelziege die Französische Alpine Ziege oder bei der Weißen Deutschen Edelziege die Saanenziege. Ein Beispiel: Wird eine Bunte Deutsche Edelziege mit

Abb. 33 Französische Alpine Ziegen gelten derzeit als Äquirasse zur Bunten Deutschen Edelziege.

dem Sperma eines Französischen Alpinen Bock besamt, so können die Nachkommen als reinrassige Bunte Deutsche Edelziegen in das Herdbuch eingetragen werden. Äquirassen werden also im Zuchtprogramm gleichgesetzt. Man geht davon aus, dass es sich um die gleiche Rasse handelt, die in unterschiedlichen Regionen anders bezeichnet wird. Im Fall der Ziegenrassen ist diese „Gleichheit" bisher noch nicht mit wissenschaftlichen Methoden untersucht worden, sondern wird einfach angenommen. Im besten Fall sollte die Gleichsetzung beidseitig in den Zuchtprogrammen erfolgen.

■ **Reiner Pütz** selektiert aus seinen Herdbuchziegen jedes Jahr die 20 besten Ziegen heraus und paart diese in künstlicher Besamung an. Hierfür nutzt er Sperma von Saanen-Böcken aus Frankreich. Saanenziegen sind als Äquirasse bei der Weißen Deutschen Edelziege zugelassen, sodass die Nachkommen aus einer solchen Anpaarung direkt als Weiße Deutsche Edelziegen ins Herdbuch eingetragen werden können. An den französischen Ziegenböcken gefällt ihm besonders, dass für diese Zuchtwerte mit hohen Sicherheiten vorliegen. So kann er gezielt Böcke mit hohen Zuchtwerten für Eiweiß aussuchen und an seine Ziegen anpaaren. ■

Abb. 34 Schematische Darstellung von Linienzucht auf der männlichen Seite. Gründertier ist der Ziegenbock „Tim“.

Thilo	Tomi	Timo	Tim
			Elfe
		Resi	Ludwig
			Rita
	Melinda	Tasso	Tim
			Nina
		Mona	Rudolf
			Mina

Eine spezielle Form der Reinzucht ist die **Inzucht**. Darunter versteht man die systematische Anpaarung verwandter Tiere. Streng wissenschaftlich lautet die Definition: Verpaarung von Tieren, die enger miteinander verwandt sind als der Durchschnitt der Population. Durch Inzucht wird der Homozygotiegrad, also die Einheitlichkeit, noch mehr gesteigert als durch die klassische Reinzucht. Der Grad der Inzucht wird durch den Inzuchtkoeffizienten beschrieben, die Zunahme der Inzucht durch die Inzuchtsteigerung je Generation. Positiv an der Inzucht ist, dass bestimmte Eigenschaften sehr schnell gefestigt werden können. Trotzdem sollte Inzucht möglichst vermieden werden: Inzucht kann sich negativ auf die Fitness und die Leistungsfähigkeit auswirken. Gendefekte können bei Inzuchtpaarungen durch den höheren Homozygotiegrad stärker in Erscheinung treten.

Die **Linienzucht** stellt einen Mittelweg zwischen Inzucht und Reinzucht dar. Hier geht man von Gründertieren aus, die sich durch besondere Eigenschaften auszeichnen. In den folgenden Generationen werden immer wieder verwandte Tiere miteinander verpaart, um die erwünschten Eigenschaften des Liniengründers zu erhalten. Die Paarung von eng verwandten Tieren wird allerdings vermieden. Manche Ziegenzüchter arbeiten noch mit Vater- und Mutterlinien. Auch bei gefährdeten Ziegenrassen wie der Thüringer Wald Ziege oder bestimmten Linien innerhalb Rassen wie der Schwarzwaldziege innerhalb der Bunten Deutschen Edelziege wird mit Vaterlinien gearbeitet. In Abbildung 34 ist schematisch dargestellt, wie Linienzucht aussehen könnte. Gründertier ist in diesem Fall der Bock „Tim“.

■ Thüringer Wald Ziegen, wie **Silke Müller** sie hält, gelten als gefährdete Rasse. Allerdings konnte die Rasse ihre Populationsgröße von 50 männlichen und 202 weiblichen Tieren im Jahr 1997 auf 179 männliche und 1802 weibliche Tiere im Jahr 2017 steigern. Trotzdem handelt es sich noch um eine kleine Population, bei der eine Paarung mit völlig unverwandten Tieren so gut wie ausgeschlossen ist. Daher wird hier die sogenannte Linienzucht verfolgt, insbesondere auf der Vaterseite. Dabei werden Tiere mit verwandten Ahnen verpaart. Um die Linien zu kennzeichnen, fangen die Namen der Böcke mit dem gleichen Anfangsbuchstaben an wie der ihres Vaters. Bei der Thüringer Wald Ziege

Abb. 35 Bei der Thüringer Wald Ziege gibt es verschiedene Bocklinien, um einer weiteren Steigerung der Inzucht vorzubeugen.

gibt es insgesamt fünf Bocklinien: B, E, M, C und Z. Durch eine bundesweite koordinierende Zuchtbetreuung (Rassebeirat Thüringer Wald Ziege des BDZ), die konsequente zentrale Anwendung eines Anpaarungsprogramms sowie die exakte Definition der Bocklinien ist es gelungen, die Inzuchtsteigerung in der Population der Thüringer Wald Ziegen in den letzten Generationen deutlich zu verringern. ■

Werden Tiere aus unterschiedlichen Populationen systematisch verpaart, so nennt man das **Kreuzungszucht**. In Deutschland ist die Burenziege durch Kreuzungszucht als Rasse etabliert worden. Da nur geringe Mengen an Sperma, Embryonen und lebenden Tieren importiert werden konnten, wurde eine **Verdrängungskreuzung** auf Basis von Milchziegenrassen durchgeführt (s. Abb. 36). Inzwischen haben alle Burenziegen in Deutschland einen sehr hohen Burenziegenblutanteil.

Burenziegenzucht in Deutschland

Für die Chronik zum 100-jährigen Jubiläum des Ziegenzuchtverbandes Baden-Württemberg hat der ehemalige Zuchtleiter Dr. Thume von den Anfängen der Burenziegenzüchtung in Deutschland und Baden-Württemberg berichtet. Gemeinsam mit Prof. Holtz von der Universität Göttingen hat er seit den 1970er-Jahren die Idee verfolgt, Burenziegen nach Deutschland zu holen. Der Erfolg kam letztlich mit einem Projekt der Gesellschaft für Technische Zusammenarbeit. Für ein gemeinsames Projekt mit Prof. Steinbach von der Universität Gießen konnten lebende Burenziegen für ein Entwicklungshilfeprojekt nach Gießen importiert werden. Ausgehend von diesen Tieren entwickelte sich u. a. die Burenziegenzüchtung in Baden-Württemberg durch Verdrängungskreuzung

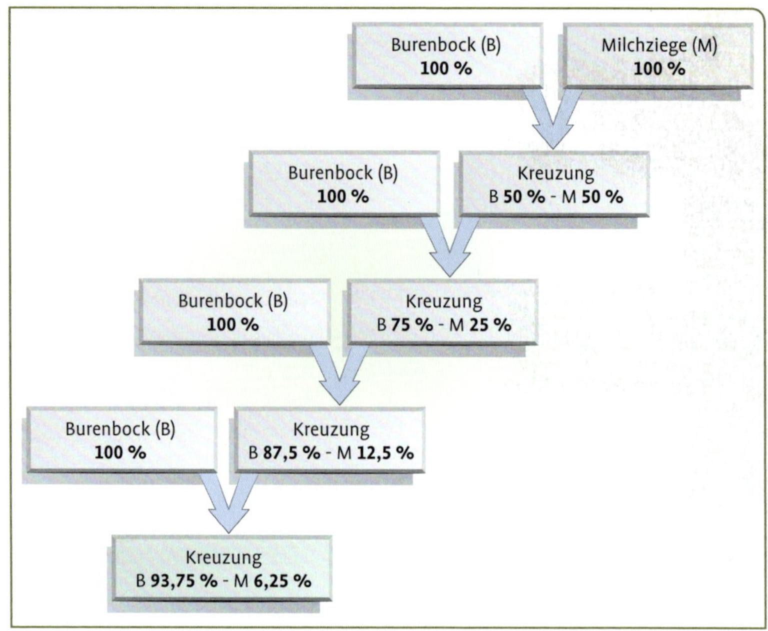

Abb. 36 Schematische Darstellung einer Verdrängungskreuzung am Beispiel der Einkreuzung von Burenziegen.

mit Milchziegen. Zudem kaufte der Versuchsbetrieb der Universität Hohenheim, damals geleitet von Prof. Birnkammer, einen Teil der Gießener Tiere. Einige Jahre wurde an der Universität Hohenheim eine Fleischziegenherde gehalten und Burenziegen gezüchtet. Parallel dazu baute Prof. Holtz an der Universität Göttingen eine Burenziegenzucht auf. Er hatte die Möglichkeit, immer wieder einmal Sperma oder Embryonen aus Namibia und Südafrika zu importieren. Aus dieser Erzählung wird auch deutlich, dass die Burenziegenzüchtung in Deutschland auf wenige reinrassige Ausgangstiere zurückgeht. Daher ist bei der Burenziegenzüchtung sehr auf die Verwandtschaft der Tiere zu achten.

4.2.2 Wie funktioniert ein Ziegenzuchtprogramm?

Für die beiden Milchziegenrassen Bunte und Weiße Deutsche Edelziege werden intensivere Zuchtmaßnahmen durchgeführt als für die Burenziegen, für die Wollziegen oder für die verschiedenen Robustziegenrassen. Zuchtprogramme für die Robustziegenrassen stellen die Ziegenzuchtverbände vor verschiedene Herausforderungen, da die Hauptpopulationen in der Regel in anderen Ländern sind und in den einzelnen deutschen Zuchtverbänden nur wenige Tiere einer Rasse vorkommen.

■ Die Rasse Tauernschecken von **Leon Weber** stammt ursprünglich aus Österreich (Abb. 38). Dort ist auch die Hauptpopulation angesiedelt. In Deutschland gibt es nur wenige Ziegenhalter, die Tauernschecken halten und noch weniger, die Tauernschecken im Herdbuch führen und züchten. Die Ziegenzuchtverbände, in deren Zuständigkeitsbereich Züchter mit Tauernschecken sind, haben

Abb. 37 Burenziegen wurden in Deutschland mittels Verdrängungskreuzung eingeführt.

Abb. 38 Tauernschecken sind eigentlich eine Milchziegenrasse. Bei uns werden sie vorwiegend zur Landschaftspflege eingesetzt.

zwar ein Herdbuch für diese Rasse eingerichtet, sie führen aber kein spezielles Zuchtprogramm für diese Rasse durch. Es wird lediglich eine Herdbuchaufnahme für weibliche Tiere bzw. eine Körung für männliche, jeweils mit Exterieurbewertung in Rahmen und Form, durchgeführt. Zudem wird die Fruchtbarkeit der Rasse erfasst.

Gemeinsam mit anderen Züchtern fährt Leon Weber alle zwei Jahre nach Österreich, um neue Ziegenböcke einzukaufen. Dabei hat er Glück, dass Österreich den Status „vernachlässigbares Risiko klassischer Scrapie" zuerkannt bekommen hat. So ist es möglich, weiterhin ohne Komplikationen Böcke aus Österreich nach Deutschland zu importieren. Von Züchtern, die Schweizer Ziegenrassen wie Walliser Schwarzhalsziegen oder Nera Verzasca Ziegen halten hat er erfahren, wie schwierig der Zukauf für diese durch die EU-Verordnung zu Scrapie geworden ist. Diese Ziegenhalter sind nun zunächst von ihrer Hauptpopulation abgeschnitten, ein Zuchttierexport aus der Schweiz war zunächst nicht mehr möglich. ■

Zurzeit sind die Zuchtprogramme bei den Ziegen noch nicht sehr straff strukturiert. In Abbildung 39 ist am Beispiel einer Modellpopulation das Schema eines aktuellen Milchziegen-Zuchtprogramms dargestellt. Die Populationsgröße entspricht in etwa derjenigen der Bunten Deutschen Edelziege in Baden-Württemberg. Ausgangspunkt ist die aktive **Zuchtpopulation**, das sind alle männlichen und weiblichen Tiere, die in das Zuchtbuch eingetragen sind und unter Leistungsprüfung stehen. Im Beispiel sind das 100 Ziegenböcke und 800 Ziegen. Pro Jahr werden etwa 400 Jungböcke geboren. Aus diesen selektieren die Züchter jedes Jahr die ihrer Meinung nach besten Tiere und stellen sie zur Körung vor.

Bei der **Körung** sollen Zuchttiere auf ihre Funktions- und Leistungsfähigkeit geprüft werden. Früher war die Körung die Voraussetzung dafür, dass ein männliches Tier zur Zucht eingesetzt werden durfte. Sie war durch das Tierzuchtgesetz vorgeschrieben und eine hoheitliche, staatliche Aufgabe. Heute ist die Körung nicht mehr durch das Tierzuchtgesetz vorgeschrieben und auch keine staatliche Aufgabe mehr. Allerdings haben die Zuchtverbände die Körung männlicher Tiere als Voraussetzung für den Zuchteinsatz in der Herdbuchabteilung A beibehalten und führen diese nun selber durch. Da eine Körung immer in recht jungem Alter erfolgt (≥6 Monate), werden vorwiegend Merkmale der äußeren Erscheinung also des Exterieurs bewertet. Bei Milchziegen werden zudem entweder die Milchleistung der Mutter oder, falls vorhanden, die Zuchtwerte des Bockes für Milchleistungsmerkmale mit in die Benotung einbezogen. In dem vorliegenden Beispiel absolvieren pro Jahr 56 Jungböcke erfolgreich die Körung. Ein kleiner Teil dieser Böcke geht in die Produktionsherden, das sind Nicht-Herdbuchziegen in landwirtschaftlichen Betrieben. So wird der Zuchtfortschritt aus der aktiven Zuchtpopulation in die Produktionsherden übertragen. Der überwiegende Teil der Böcke verbleibt in der aktiven Zuchtpopulation und ersetzt dort einen Teil der Altböcke. In der aktiven Zuchtpopulation wird ein recht hoher Anteil an Zuchtböcken benötigt, da die Bestandgrößen hier sehr klein sind (<20 Ziegen pro Betrieb), und jeder Betrieb einen eigenen Bock benötigt. Die Zuchtverbände greifen

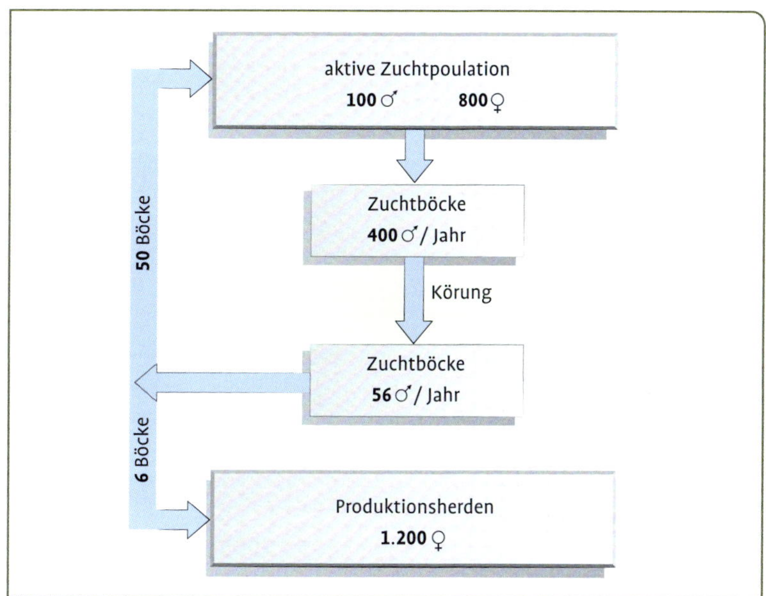

Abb. 39 Schema eines Milchziegen-Zuchtprogramms.

nur sehr moderat in die Entscheidungen der Züchter ein, z. B. indem sie Mindestanforderungen für Bockmütter formulieren. Die Auswahl der Elterntiere und der Paarungspartner liegt allein in der Hand der Züchter.

■ **Max Gruber** ist stolz darauf, fast jedes Jahr beim Bockmarkt ein bis zwei Jungböcke zur Körung vorstellen und dann verkaufen zu können. Er genießt es, seine Böcke im Vergleich mit den Böcken anderer Züchter zu messen. Er ist sehr stolz, wenn es ihm ab und an gelingt, den Körsieger zu stellen. Dabei legt er sehr viel Wert auf seine Entscheidung, von welcher Ziege er ein Bockkitz aufzieht. Überlegungen in seinem Zuchtverband, vom Verband aus Anpaarungsvorschläge zu machen und nur noch Bockkitze aus einer solchen gezielten Anpaarung als Bockväter zuzulassen, sieht er sehr kritisch. Er befürchtet eine starke Einschränkung seiner eigenen züchterischen Entscheidungen. Auf der anderen Seite war er sehr stolz, dass zwei seiner drei Ziegen vom zuständigen Zuchtberater direkt als Bockmütter eingestuft wurden. Nun wartet er gespannt auf die Vorschläge des Verbandes, mit welchem Bock er anpaaren soll. Zudem erhofft er sich durch das Vorkaufsrecht des Verbands auf die aus der Anpaarung entstehenden Bockkitze eine zusätzliche, recht sichere Einnahmequelle. ■

■ **Reiner Pütz** ist sehr unzufrieden mit dem derzeitigen Zuchtprogramm. Er weiß, dass seit über 100 Jahren sowohl bei der Bunten als auch bei der Weißen Deutschen Edelziege kein Zuchtfortschritt in den Milchleistungsmerkmalen erzielt wurde. Er wäre froh, wenn der Verband den Züchtern striktere Vorgaben in Bezug auf Anforderungen an Leistungsmerkmale machen würde. Daher ist er auch weiterhin überzeugt von seinem Weg, mittels der künstlichen Besamung Leistung aus dem französischen Saanenziegen-Zuchtprogramm in seinen Bestand einzuführen. ■

Mit einem wie in Abbildung 39 dargestellten Zuchtprogramm kann kaum Zuchtfortschritt erzielt werden. Der **Zuchtfortschritt**, auch Selektionserfolg oder genetischer Fortschritt, wird beeinflusst von

- der erblich bedingten Streuung der Merkmale,
- der Sicherheit der Zuchtwertschätzung,
- der Selektionsintensität und
- dem Generationsintervall.

Je höher die erblich bedingte **Streuung** (= **Varianz** oder **Variation**) eines Merkmals ist, desto besser kann man dieses Merkmal züchterisch bearbeiten. Die erblich bedingte Streuung ist populationsspezifisch und muss daher für jede Rasse separat ermittelt werden. Durch Zuchtarbeit kann sich die Streuung über die Jahre hinweg verändern und muss neu geschätzt werden.

Die **Sicherheit der Zuchtwertschätzung** hängt vor allem von der Datenqualität und von der Erblichkeit des Merkmals ab. Je höher die Sicherheit eines Zuchtwertes, desto geringer sind Fehlentscheidungen und desto größer sollte der Zuchtfortschritt sein.

Die Selektionsintensität ist ein Maß dafür, wie viele Elterntiere für die nächste Generation aus allen potentiell vorhandenen Elterntieren ausgewählt werden. Je höher die **Selektionsintensität**, also je weniger Tiere als Elterntiere ausgewählt werden, desto höher der erwartete Zuchtfortschritt. Auf der anderen Seite führt die Auswahl von nur wenigen Elterntieren zu einer größeren Inzuchtsteigerung. Insbesondere auf der Vaterseite kann eine hohe Selektionsintensität erzielt werden: Ein Vatertier kann im Laufe seines Lebens deutlich mehr Nachkommen zeugen als ein weibliches. Aus diesem Grund werden weniger männliche Zuchttiere benötigt als weibliche, um die nächste Generation zu erstellen und damit steigt die Selektionsintensität auf der männlichen Seite.

Das **Generationsintervall** ist das durchschnittliche Alter der Eltern bei der Geburt ihrer Nachkommen. In einem Ziegenzuchtprogramm ist dieses über alle Selektionsgruppen hinweg ca. drei Jahre. Je höher das Generationsintervall, desto niedriger der Zuchtfortschritt. Für ein Zuchtprogramm ist es somit wichtig, die verschiedenen Faktoren des Zuchtfortschritts in Einklang zu bringen.

In einem straff organisierten Zuchtprogramm gibt es unterschiedliche Zuchttiergruppen, auch **Selektionsgruppen** genannt. Diese bestimmen sich dadurch, welchen Nachwuchs sie erzeugen sollen. Mögliche Nachwuchsgruppen, auch Selektionspfade genannt, sind Böcke und Ziegen. Um Böcke zu erzeugen, braucht es die Selektionsgruppen Bockvater und Bockmutter. Um Ziegen zu erzeugen, braucht es die

Selektionsgruppen Ziegenvater und Ziegenmutter. Um Bockväter zu bestimmen, kann eine mehrstufige Selektion erfolgen. Abbildung 40 stellt modellhaft ein **Zuchtprogramm mit Nachkommenprüfung** dar, in dem es verschiedene Selektionspfade gibt. Das Modell geht ebenfalls von einer aktiven Zuchtpopulation mit 800 weiblichen Tieren aus. Aus diesen 800 Ziegen sucht der Zuchtverband die 150 besten Tiere, die Bockmütter, aus. Diese Bockmütter werden mit drei Spitzenböcken, den Bockvätern, angepaart. Der Zuchtverband schlägt für diese Eliteanpaarung dem Halter der Bockmutter geeignete Vatertiere vor. Aus der gezielten Anpaarung entstehen so pro Jahr 100 Jungböcke. Nach der Körung verbleiben 56 Böcke. Von diesen gehen fünf in die Produktionsherden und 42 als Ziegenväter in die aktive Zuchtpopulation. Die neun besten gekörten Jungböcke werden vom Zuchtverband als Testböcke ausgewählt und an einen kleinen Anteil der Ziegenpopulation angepaart. In der Abbildung 40 sind das Testherden mit insgesamt 300 Ziegen. Um Umwelt- und genetische Effekte trennen zu können, sollten die Jungböcke dabei auf verschiedenen Betrieben eingesetzt werden. Dann wird gewartet, bis die Töchter dieser Testböcke eine Leistung erbringen. Aufgrund der Nachkommenleistungen werden dann die besten der Testböcke als Bockväter eingesetzt, die etwas weniger guten als geprüfte Altböcke als Ziegenväter. Tabelle 2 zeigt den zeitlichen Ablauf von der Geburt eines Bockkitzes bis zu seinem Einsatz

Abb. 40 Weiterentwickeltes Milchziegen-Zuchtprogramm.

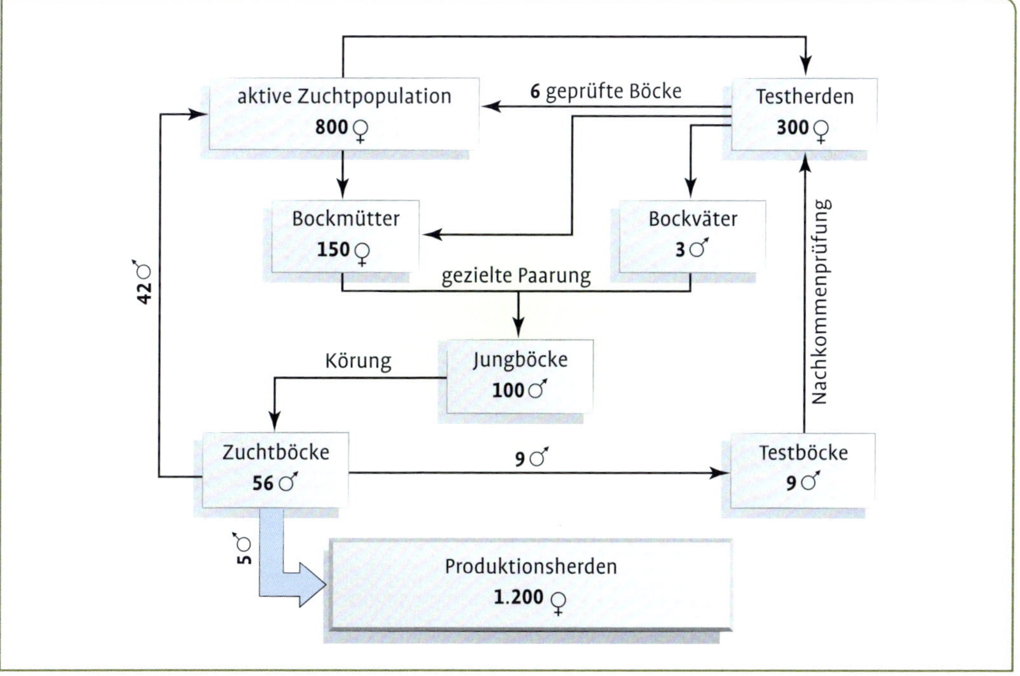

Tab. 2 Zeitlicher Ablauf von der Selektion eines Bockkitzes bis zur Selektion als Bock- oder Ziegenvater (verändert nach Willam & Simianer, 2017).

Alter (Jahre)	Ereignis	Status
0	Geburt	Bockkitz aus gezielter Paarung
0,5	1. Selektionsstufe (Testeinsatz)	Jung- bzw. Testbock
1,0–1,5	Geburt der Töchter	Wartebock
2,0–2,5	Ablammung der Töchter	Wartebock
3,0–3,5	Abschluss 1. Laktation der Töchter, ZWS mit Nachkommenleistung	Wartebock
3,5–4	2. Selektionsstufe	Bock- oder Ziegenvater (geprüfter Altbock)

als Bock- oder Ziegenvater. Eine andere Möglichkeit ist ein sogenanntes **Jungbock-Zuchtprogramm**. Hier werden direkt die voraussichtlich besten Jungböcke als Bockväter eingesetzt und mit den besten Ziegen, den Bockmüttern, angepaart. Im Durchschnitt der Population kann mit einem Jungbock-Zuchtprogramm ein höherer Zuchtfortschritt erzielt werden als mit einem Zuchtprogramm mit Nachkommenprüfung. Der entscheidende Faktor ist hier die schnellere Umsetzung des Zuchtfortschritts durch verkürzte Generationsintervalle. Im einzelnen Betrieb kann ein Jungbock-Zuchtprogramm jedoch zu Rückschlägen führen, falls ein Jungbock nicht die erwarteten Vererbereigenschaften hat. Bei Zuchtprogrammen mit Nachkommenprüfung und Jungbock-Zuchtprogrammen geben die Zuchtverbände klare Vorgaben für die Anpaarung von Bockvätern und Bockmüttern. Durch eine solche gezielte Anpaarung soll ein maximaler Zuchtfortschritt in der Nachkommengeneration erzeugt werden.

■ Um einen möglichst hohen Zuchtfortschritt in seiner Herde zu erreichen, setzt **Reiner Pütz** auf den Zuchteinsatz möglichst junger Tiere. Ihm ist klar, dass die Zuchtinformationen für diese Tiere noch sehr ungenau sind. Daher setzt er lieber mehr Böcke als nötig ein, um das Risiko zu streuen. Wenn dann ein Bock die in ihn gesetzten Erwartungen nicht erfüllt, hat dieser nicht zu viele Nachkommen gezeugt und die Nachkommen anderer Böcke erfüllten eventuell die Erwartungen deutlich besser. Entgegen den Ratschlägen älterer Züchter, frühestens Nachkommen aus dem zweiten Wurf seiner Ziegen zu selektieren, setzt Reiner Pütz gerade auf die Nachkommen aus dem ersten Wurf. ■

Ein Beispiel für ein sehr intensiv organisiertes Milchziegen-Zuchtprogramm findet sich in Frankreich. Die Organisation Capgènes gliedert sich in eine Züchtervereinigung und ein Züchtungsunternehmen und führt alle Zuchtprogramme für Ziegen in Frankreich durch. Capgènes arbeitet eng mit den Organisationen für Milchleistungsprüfung zusammen. Die Abteilung für Genetik des INRA (Institut National de la Recherche Agronomique – Nationales Institut für Agrarforschung) als staatliche Einrichtung unterstützt mit der Weiterentwicklung der Zuchtwertschätzung. Es stehen knapp 300 000 Ziegen unter Milchleistungsprüfung, davon sind knapp 160 000 Alpine Ziegen und 115 000 Saanenziegen. Capgènes führt ein Besamungszuchtprogramm mit gezielter Anpaarung durch. Bei der Rasse Alpine Ziege gibt es 600 Bockmütter mit einer durchschnittlichen Leistung von 1265 kg Milch mit 3,93 % Fett und 3,52 % Eiweiß. Bei der Rasse Saanenziege gibt es 480 Bockmütter mit durchschnittlich 1288 kg Milch bei 3,67 % Fett und 3,38 % Eiweiß. Selektiert wird zum einen auf Milchleistung. Betrachtete Merkmale sind Milchmenge, Eiweißmenge, Fettmenge, Eiweißgehalt inkl. Kasein sowie Fettgehalt. Durch das Zuchtprogramm mit Nachkommenprüfung konnte in den letzten zehn Jahren die Milchleistung bei Alpinen und Saanenziegen um 125 kg gesteigert werden. In einem 30-jährigen Rückblick stieg die Milchleistung um 12 kg Milch pro Laktation und um jeweils 1 % Eiweiß- und Fettgehalt pro Laktation. Nach einer Erhebung des Institut de l'Elevage haben Herden, die mindestens 50 % künstliche Besamung einsetzen, eine um 25 % bzw. 190 kg höhere Milchleistung als Betriebe, die sich nicht am Besamungszuchtprogramm beteiligen. Zusätzlich gibt es eine lineare Beschreibung von Eutermerkmalen. Betrachtet werden das Euterprofil, der Euterboden, die Euteraufhängung von der Seite (Vordereuter) sowie die Hintereuteraufhängung.

4.3 Zuchtziel der Population – Zuchtziel im Betrieb, wie passt das zusammen?

Die Zuchtverbände definieren Zuchtziele für einzelne Populationen, also die verschiedenen Rassen. Über geeignete Zuchtprogramme sollen die Zuchtziele möglichst schnell erreicht werden. Zuchtprogramme beziehen sich immer auf eine Population, nie auf einzelne Tiere, und haben auch nur den Gesamtzuchtfortschritt für diese Population im Blick.

Der Ziegenhalter verfolgt ein Zuchtziel für den eigenen Bestand. Er arbeitet mit den einzelnen Tieren. Durch die Auswahl (= Selektion) von Tieren zur Weiterzucht verfolgt er das betriebseigene Zuchtziel und versucht, einen Zuchtfortschritt im eigenen Bestand zu erzielen.

Damit wird deutlich, wie wichtig es ist, dass die betriebseigenen Zuchtziele der Halter einer Rasse eine große Schnittmenge mit den Zuchtzielen für die Gesamtrasse aufweisen. Sind die Ziele der einzelnen Halter zu unterschiedlich, so kann kein gemeinsamer Zuchtfortschritt hinsichtlich der Zuchtziele des Zuchtprogramms erzielt werden.

Bedeutung Zuchtziel

Das Zuchtziel steht am Anfang jeden Zuchtprogramms. Damit ist Züchten eine auf die Zukunft ausgerichtete Tätigkeit. Ein Züchter denkt immer schon in den zukünftigen Generationen. In diesen soll ein (Zucht-)Fortschritt in den Zuchtzielmerkmalen erfolgen. Das Zuchtziel ist zunächst ein Bild des idealen, rassetypischen Tieres. Das Zuchtziel enthält zum einen Merkmale, die eine Rasse von anderen Rassen abgrenzen. Zudem sollen die Zuchtzielmerkmale eine wirtschaftliche Produktion sicherstellen. Die Produkte sollen von hoher Qualität sein. Gleichzeitig soll die Produktion tiergerecht und nachhaltig erfolgen. Wichtig ist, dass jederzeit überprüft werden kann, wie die Merkmalsausprägungen sich entwickeln, ob das Zuchtziel schon erreicht ist oder wie groß die Differenz zwischen der aktuellen Situation und dem Ziel noch ist. Wichtig ist auch zu kontrollieren, ob es unerwünschte Entwicklungen in anderen, korrelierten Merkmalen gibt. Daher sollten Zuchtzielmerkmale möglichst gut messbar sein. Ein Gesamtzuchtwert ist dann die mathematische Formulierung des Zuchtziels. Im Fall der Milchziegen BDE und WDE bedeutete das, dass das Zuchtziel eine gute Milchleistung mit hohen Inhaltsstoffen ist. Der Milchwert setzt dieses Zuchtziel in Form eines mathematischen Index um, bei dem die Merkmale Milch-, Fett- und Eiweißmenge entsprechend ihrer wirtschaftlichen Bedeutung und ihrer Erblichkeit gewichtet werden (vgl. Kapitel Welche Zuchtwerte gibt es?).

4.4 Das Zuchtbuch – was ist das?

Für jede Rasse wird ein getrenntes Zuchtbuch geführt. Das Zuchtbuch wird auch **Herdbuch** oder Herdebuch genannt. Im Zuchtbuch werden zu jedem Tier sein Geburtsdatum und seine Eltern vermerkt. Durch die Verknüpfung dieser Daten in einer zentralen Datenbank kann damit die Ahnentafel, das sogenannte Pedigree, jeden Zuchttieres nachvollzogen werden (s. Abb. 41). Ein Zuchtbuch ist in verschiedene Abteilungen unterteilt (s. Tab. 3). Hierdurch ist es möglich, dass weibliche Tiere, die dem Zuchtziel entsprechen und ein rassetypisches Erscheinungsbild haben, jederzeit in die zusätzliche Abteilung D des Zuchtbuchs (**Vorbuch**) aufgenommen werden können. Männlichen Tieren ist dieser Weg in der Regel versperrt. Wenn sie als Zuchttiere genutzt werden sollen, müssen sie der Herdbuch-Hauptabteilung A oder B angehören.

4.5 Pflicht und Kür – welche Leistungsprüfungen gibt es?

Um Zuchtfortschritt zu erreichen, ist die Teilnahme an der Leistungsprüfung unabdingbar. Dies ist mit Aufwand und Kosten verbunden. Die Ergebnisse der Leistungsprüfung können für züchterische, aber auch für verschiedene Managemententscheidungen genutzt werden. Das wiegt in der Regel Aufwand und Kosten der Teilnahme auf. Vom

<table>
<tr>
<td rowspan="8">NADJA H DE 010800658813
geb. 22.02.14 Ziege Z BDE-A
HB-Nr DE 010800658813
MW 124 77% +107-0,17+2,9-0,22+2,2
4/3,8 548 2,85 16 2,75 15
HL: 18/692 3,66 25 2,90 20
1. 239 295 2,41 7 2,47 7
5/4 239 509 2,83 14 2,73 14
HL:4. 235 692 3,66 25 2,90 20
28.08.15 R:8 F:7 E:6 WKL:2
ZL:5,2/5/9
letzte Lammung: 05/05.05.19</td>
<td rowspan="4">V: PIZZANO DE 010800426041
geb. 01.02.10 Bock Z BDE-A
HB-Nr DE 010800426041
28.07.11 R:7 F:8 WKL:1
MW 112 89% +53-0,11+0,8-0,01+1,6</td>
<td rowspan="2">VV: PENALTY P197 BW 7953599005
HB-Nr 7953599005
MW 121 35% +54+0,21+3,4+0,06+2,1</td>
<td>VVV: Ioko 1371
BW 3721093021</td>
</tr>
<tr><td>VVM: 5263
BW 7953595263</td></tr>
<tr>
<td rowspan="2">VM: ZÖPFLE DE 010800247156
HB-Nr DE 010800247156
23.04.13 R:8 F:7 E:7 WKL:1
MW 104 88% +60-0,48-1,8-0,09+1,4
+8/7,2 1.001 2,78 28 3,16 32
+8/7 235 817 2,71 22 3,12 26</td>
<td>VMV: RABAUKE
DE 010800023463</td>
</tr>
<tr><td>VMM: ZOEPFCHEN
BW 17.183</td></tr>
<tr>
<td rowspan="4">M: NINA H DE 010800428274
geb. 18.02.12 Ziege Z BDE-A
HB-Nr DE 010800428274
27.07.14 R:7 F:7 E:7 WKL:1
MW 119 80% +116-0,31+1,3-0,29+1,6
+5/4,9 646 2,36 15 2,61 17
HL: 17/720 2,13 15 2,75 20
1. 219 497 2,82 14 2,76 14
+6/5 233 622 2,35 15 2,60 16
HL:4. 240 718 2,12 15 2,74 20
ZL:7,2/6/10</td>
<td rowspan="2">MV: ROBERT DE 010800426834
HB-Nr DE 010800426834
21.07.13 R:7 F:6 WKL:2
MW 108 55% -19+0,34+2,9+0,06+0,5</td>
<td>MVV: RON
DE 010800202709</td>
</tr>
<tr><td>MVM: LIESEL
BW 21.760</td></tr>
<tr>
<td rowspan="2">MM: NICKI BW 29.799
HB-Nr 29799
18.07.04 R:7 F:7 E:6 WKL:2
MW 112 87% +130-0,57-0,5-0,45+0,6
+11/9,1 891 2,65 24 2,76 25
+11/8 240 839 2,60 22 2,68 23</td>
<td>MMV: OZELOT
BW 20.358</td>
</tr>
<tr><td>MMM: NADINA
BW 5.821</td></tr>
</table>

Abb. 41 Ahnentafel der Ziege „Nadja"

Zeichenerklärung: H = Behornt, Z = Zwilling, BDE-A = BDE, Herdbuchabteilung A

MW 124 77 % +107 −0,17 +2,9 −0,22 +2,2

Milchwert, Sicherheit, Milch-kg, F-%, F-kg, E-%, E-kg

4/3,8 548 2,85 16 2,75 15

Durchschnittsleistung im Alter von 4 Jahren mit 3,8

Laktationen: 548 kg Milch, 2,85 % Fett, 16 kg Fett, 2,75 % Eiweiß, 15 kg Eiweiß

HL: 18/692 3,66 25 2,90 20

Höchstleistung im Jahr 2018, 692 kg Milch, 3,66 Fett-%, 25 kg Fett, 2,90 % Eiweiß, 20 kg Eiweiß

1. 239 295 2,41 7 2,47 7

1. Laktation, 239 Melktage, Milch-kg, F-%, F-kg, E-%, E-kg

5/4 239 509 2,83 14 2,73 14

Ø-Laktation, 239 Melktage, Milch-kg, F-%, F-kg, E-%, E-kg

HL: 4. 235 692 3,66 25 2,90 20

Höchstleistung 4. Laktation, 235 Melktage, Milch-kg, F-%, F-kg, E-%, E-kg

28.08.15 R:8 F:7 E:6 WKL:2

Exterieurbewertung am 28.08.2015, Rahmen, Form, Euter; Wertklasse = WKL

ZL: 15,2/5/9

Zuchtleistung: bis zum Alter von 5,2 Jahren 5 Ablammungen, 9 geborene Kitze

letzte Lammung: 05/05.05.19

Letzte Lammung war die 5. Ablammung am 05. Mai 2019

Tab. 3 Zuchtbucheinteilung Bunte Deutsche Edelziegen (s. Zuchtprogramm BDE, ZZV BaWü).

Einteilung	Anforderungen an männliche Tiere	Anforderungen an weibliche Tiere
Hauptabteilung Klasse A	Eltern und Großeltern in der Hauptabteilung, Ausnahme mütterliche Großmutter mindestens in Klasse C der zusätzlichen Abteilung eines Zuchtbuchs der Rasse eingetragen Körung mit mindestens Zuchtwertklasse II	Vater, väterliche Großeltern und mütterlicher Großvater in der Hauptabteilung, Mutter und mütterliche Großmütter mindestens in der zusätzlichen Abteilung eines Zuchtbuchs der Rasse eingetragen Bewertung mit mindestens Zuchtwertklasse II
Hauptabteilung Klasse B	Eltern und Großeltern in der Hauptabteilung, Ausnahme mütterliche Großmutter mindestens in Klasse C der zusätzlichen Abteilung eines Zuchtbuchs der Rasse eingetragen	Vater, väterliche Großeltern und mütterlicher Großvater in der Hauptabteilung, Mutter und mütterliche Großmütter mindestens in der zusätzlichen Abteilung eines Zuchtbuchs der Rasse eingetragen
Zusätzliche Abteilung Klasse C (Vorbuch)		Vater und väterliche Großeltern in der Hauptabteilung, Mutter mindestens in Klasse D eines Zuchtbuchs der Rasse eingetragen Bewertung mit mindestens Zuchtwertklasse II
Zusätzliche Abteilung Klasse D (Vorbuch)		Als rassetypisch beurteilt Bewertung mit mindestens Zuchtwertklasse II

internationalen Dachverband **ICAR (International Comitee for Animal Recording)** sind Richtlinien für die Milchleistungsprüfung und für die lineare Beschreibung von Ziegen veröffentlicht worden. Für die Fleischleistungsprüfung sind Richtlinien in der Bearbeitung. In Deutschland sind die **Leistungskontrollverbände (LKV)** mit der Durchführung von Leistungsprüfungen in der Nutztierhaltung beauftragt. Anders als in der Rinderzüchtung sind die ICAR-Vorgaben in der Leistungsprüfung für Ziegen derzeit nicht überall in Deutschland umgesetzt. Dies liegt an der geringen Anzahl an Ziegen, die unter Leistungsprüfung stehen. Für einige der Leistungskontrollverbände lohnt sich ein spezielles Angebot für Ziegenhalter nicht. Dies ist ein derzeit nicht gelöstes Problem für die einzelnen Betriebe und für die Durchführung des Zuchtprogramms in diesen Bundesländern!

Milchleistungsprüfung

Für Milchziegenrassen ist die **Milchleistungsprüfung** vorgeschrieben (Abb. 42 und 43). Um an der Milchleistungsprüfung teilnehmen zu können, muss man Mitglied bei einem Leistungskontrollverband werden. Dann wird ungefähr einmal im Monat eine Milchleistungskontrolle durchgeführt. Da die Milchleistungsprüfung auf den einzelnen Betrieben stattfindet, ist sie eine sogenannte **Feldprüfung**. Das bedeutet, dass die Umweltbedingungen, unter denen Tiere in verschiedenen Betrieben geprüft werden, sehr unterschiedlich sind. Und zwischen den Prüfterminen können sich auch die Bedingungen innerhalb eines Betriebes sehr unterscheiden.

Im Gegensatz zur Feldprüfung werden bei einer **Stationsprüfung** Tiere aus verschiedenen Betrieben zu einem bestimmten Alter oder Leistungsstand in einer Prüfstation aufgestallt. Dort verbleiben sie für einen definierten Zeitraum und werden unter genau definierten, wiederholbaren Bedingungen gehalten. Damit werden bei einer Stationsprüfung die Tiere unter denselben Umweltbedingungen geprüft. Für die Milchleistungsprüfung wird derzeit aber nur die Feldprüfung angeboten. Insgesamt gibt es elf Kontrolltage pro Jahr. Das Kontrolljahr für Milchziegen beginnt am 1. Januar und endet am 31. Dezember.

Nach den ICAR-Richtlinien müssen alle milchgebenden Ziegen im Bestand geprüft werden. Es sind nach den ICAR-Regularien verschiedene Methoden der Milchleistungsprüfung zugelassen, zwischen denen der Ziegenhalter auswählen kann. Grundsätzlich ist zwischen A- und B-Methode zu unterscheiden. Bei der A-Methode werden die Milchproben immer von einem LKV-Mitarbeiter genommen. Bei der B-Methode immer vom Betriebspersonal. Dabei ist die Methode A4 die Standardmethode. Hierbei wird die Milchprobe bei einem Abend- und dem darauffolgenden Morgengemelk von einem Angestellten des LKV genommen. Die 4 kennzeichnet den 4-wöchigen Probenabstand (28–34 Tage). Bei der Methode B4 nimmt der Besitzer selber die Milchprobe am Abend- und dem darauffolgenden Morgen. Bei der Methode AT

Abb. 42 Ziegen warten auf das Melken im Melkkarussel.

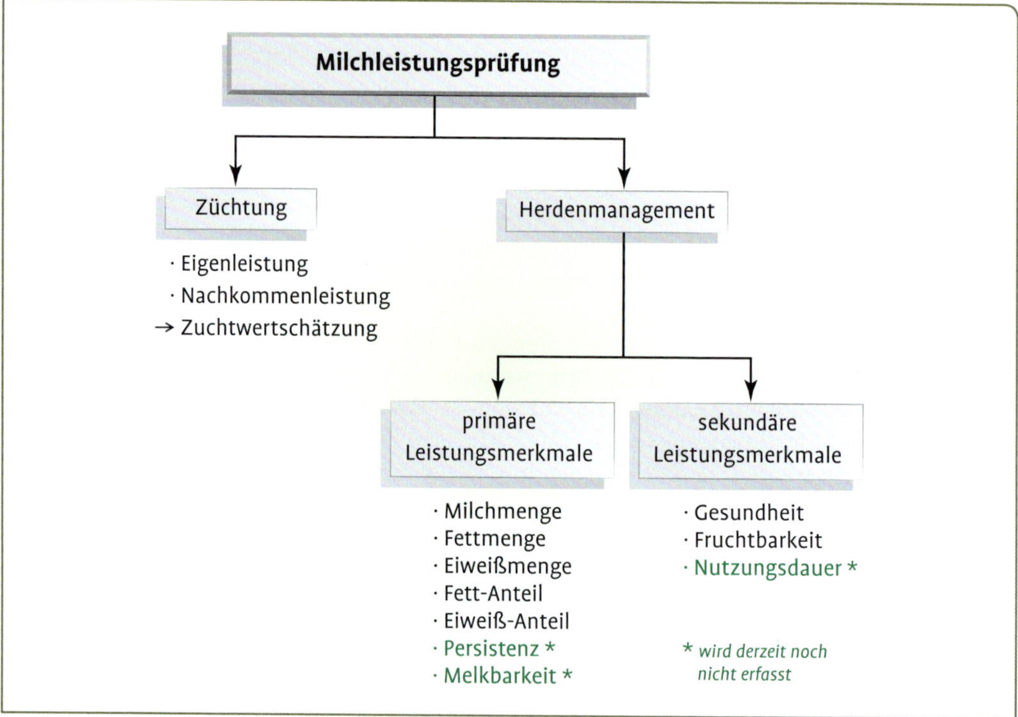

Abb. 43 Nutzen der Milchleistungsprüfung.

oder BT werden Gemelksmenge und Milchprobe nur aus einer Melkzeit erfasst. Die Tageszeit wechselt zwischen den verschiedenen Milchprobenterminen. Die erste Milchprobe einer Laktation sollte 4–15 Tage nach Beginn des Melkens erfolgen. Spätester Beginn ist 52 Tage nach Geburt der Kitze. Bei Ziegen beträgt die Standardlaktationsdauer 240 Tage. Damit muss eine Ziege acht Monate lang gemolken werden, um eine Laktationsleistung abzuschließen. Natürlich können die Ziegen auch länger als 240 Tage gemolken und geprüft werden. Die Standardlaktation wird aber für jede Ziege berechnet, um die Leistungen der Tiere vergleichbar zu machen.

■ **Max Gruber** führt bei seinen Ziegen die Milchleistungsprüfung als Besitzerprüfung durch. Dafür hat er von seinem LKV eine Balkenwaage und einen Probenkoffer zur Verfügung gestellt bekommen. Vor Beginn der Leistungsprüfung wurde er von seinem Zuchtwart geschult, wie die Leistungsprüfung durchzuführen ist. Vor allem auch, wie die Proben zu nehmen, zu wiegen und abzufüllen sind. Max Gruber hat sich für die Standardmethode B4, also die Erfassung von Abend- und darauffolgendem Morgengemelk durch ihn selber entschieden. Vor jedem Kontrolltermin bekommt er einen Prüfbogen zugeschickt, auf dem seine Ziegen und deren Leistungen in der vorigen Kontrolle vermerkt sind. Hier gibt er die mit der Balkenwaage gewogenen Gewichte ein. Für die weitere

Ermittlung der Inhaltsstoffe füllt er die Milch in Probenahmegläschen, die der Zuchtwart am Morgen nach der Prüfung abholt. Wenige Tage später bekommt Max Gruber die Probenergebnisse zugeschickt. ■

■ Um den Aufwand der monatlichen Leistungsprüfung möglichst gering zu halten, hat sich **Silke Müller** für die Methode AT4 entschieden. Das bedeutet, ein Probenehmer des LKV unterstützt sie bei der Milchkontrolle, und die Milchkontrolle wird alternierend durchgeführt. Es wird jeweils nur eine Kontrolle abends oder morgens durchgeführt und das immer abwechselnd. Dieses Verfahren kommt ihr auch deswegen entgegen, weil Silke Müller die Kitze in den ersten Wochen nach der Geburt noch bei ihren Müttern lässt und daher nur einmal am Tag milkt. Der Zuchtwart bringt ihr am Abend oder Morgen vor der Milchleistungsprüfung die True-Test-Geräte vorbei. So kann sie die Geräte schon vor der Melkzeit einbauen und die Kontrolle kann direkt losgehen, wenn der Zuchtwart kommt. Die True-Test-Geräte scheiden dann immer einen Teil der gemolkenen Milch in den Probezylinder ab. So kann direkt die ermolkene Milchmenge gemessen und aus dem Zylinder die Milchprobe für weitere Analysen entnommen werden. Die Milchleistungskontrolle bedeutet immer einen großen Arbeitsaufwand, weil bei jeder neuen Beschickung des Melkstandes eine Person aus der Melkgrube heraussteigen und die Ohrmarkennummern der nun zu melkenden Ziegen ablesen muss. Zudem muss sichergestellt sein, dass jede Milchprobe der richtigen Ziegen zugeordnet wird und die True-Tester leer sind, wenn die nächsten Ziegen gemolken werden sollen. Trotz diesem Aufwand ist Silke Müller überzeugt davon, dass sich die Milchleistungsprüfung für sie lohnt. Sie kann die Ergebnisse jeder Kontrolle online in der Ziegendatenbank einsehen. So kann sie direkt auf Auffälligkeiten reagieren, wie z. B. erhöhte Zellzahlen. ■

Fleischleistungsprüfung

Für Fleischziegenrassen ist die **Fleischleistungsprüfung** vorgeschrieben (Abb. 45). Wie die Milchleistungsprüfung wird sie als Feldprüfung durchgeführt. Vorgeschrieben ist die Erfassung der täglichen Zunahmen im Altersabschnitt Tag nach der Geburt bis zum 50. Lebenstag (45. bis 55. Tag). Dazu werden Alter und Gewicht bei Prüfungsende ermittelt und das Gewicht abzüglich des Geburtsgewichtes durch die Anzahl der Lebenstage geteilt. Wurde das Geburtsgewicht nicht erfasst, können vom BDZ vorgegebene Standardgewichte verwendet werden. Die Erfassung der täglichen Zunahmen kann als **Eigenleistungsprüfung** oder als Voll- und/oder Halbgeschwisterprüfung durchgeführt werden. Damit ist gemeint, dass entweder das Tier selber geprüft wird (Eigenleistung) und/oder seine Voll- oder Halbgeschwister (Voll- und/oder Halbgeschwisterprüfung). Bei einer **Nachkommenprüfung** werden Söhne und Töchter eines Tieres der Leistungsprüfung unterzogen (Abb. 44). Mit der Nachkommenprüfung kann am besten ermittelt werden, wie ein Tier seine Eigenschaften an die nächsten Generationen weitervererbt. Der Züchter muss für die Fleischleistungsprüfung lediglich die Gewichte erfassen und an den Zuchtverband melden. Die Berechnung erfolgt durch den Zuchtverband.

Abb. 44 Eine Gruppe von Burenziegen. Ihre Gewichtsentwicklung liefert Informationen über die Vererbungsleistung des Vaters und der Mütter.

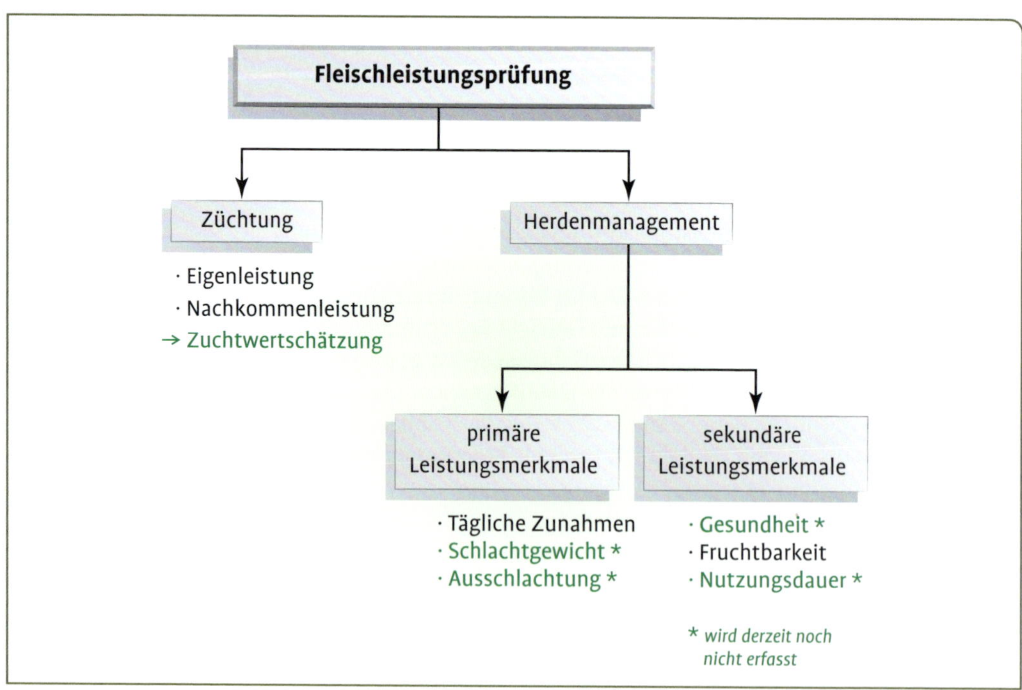

Abb. 45 Nutzen der Fleischleistungsprüfung.

Zusätzlich können Züchter bei ihren Tieren eine Ultraschallmessung auf Fett- und Muskeldicke mit Feststellung der Bemuskelungsnote sowie Erfassung des Lebendgewichts durchführen lassen. Diese Leistungsprüfung ist jedoch freiwillig.

Erika Schmitt ist das Wiegen ihrer Ziegenkitze sehr wichtig. Sie hat es sich zur Routine gemacht, direkt nach der Geburt kleine Ohrmarken einzuziehen und die Kitze zu wiegen. In ihrem Stallkalender vermerkt sie für jedes Ziegenkitz, wann der 50. Lebenstag erreicht und dieses nochmal zu wiegen ist. Die Aufzeichnungen zu Gewichtsentwicklungen nutzt sie auch immer, wenn sie überlegt, welche Ziegenkitze sie für die eigene Weiterzucht verwenden möchte.

Fruchtbarkeit

Für alle Herdbuchziegen wird eine **Leistungsprüfung auf Fruchtbarkeit** durchgeführt. Herdbuchzüchter sind verpflichtet, jede Ablammung an den Zuchtverband zu melden. Anzugeben sind Geburtsdatum, Rasse, Anzahl Kitze, die Eltern sowie Angaben, ob lebend oder tot geboren. Zusätzlich können das Geburtsgewicht, Angaben zum Geburtsverlauf oder die Anzahl aufgezogener Kitze (= Anzahl lebender Kitze am 42. Lebenstag) gemeldet werden (freiwillige Angaben). Aus diesen Angaben können verschiedene Kennzahlen berechnet werden:

- Fruchtbarkeit (Einzeltier) = $\frac{\text{Zahl lebend und totgeborene Kitze}}{\text{Zuchtjahre}} \times 100$
- Aufzuchtergebnis (Einzeltier) = $\frac{\text{Zahl der bis zum 42. Tag aufgezogenen Kitze}}{\text{Zuchtjahre}} \times 100$
- Produktivitätszahl (Einzeltier) = $\frac{\text{Zahl der aufgezogenen Kitze}}{\text{Zuchtjahre}} \times 100$
- Erstlammalter (Mutter) = Geburtsdatum Kitze – Geburtsdatum Mutter
- Befruchtungsziffer (Bestand) = $\frac{\text{Anzahl Ablammungen (einschließlich Verlammungen)}}{\text{(Anzahl gedeckte Ziegen)}}$ oder
- Ablammrate (Bestand) = $\frac{\text{Anzahl Ablammungen (einschließlich Verlammungen)}}{\text{(Anzahl gedeckte Ziegen)}} \times 100$

Die Fruchtbarkeitszahl trifft eine Aussage über die Fruchtbarkeit des Muttertiers – unabhängig von der Vitalität der Kitze. Das Aufzuchtergebnis und die Produktivitätszahl sind gleichzeitig ein Maß für die Aufzuchtleistung der Mutterziege (Mütterlichkeit und Milchleistung) und für die Vitalität der Kitze. Wobei Mütterlichkeit und Milchleistung der Mutter natürlich nur dann gemessen werden können, wenn die Kitze auch von ihrer Mutter aufgezogen werden. Die Befruchtungsziffer und die Ablammrate ermöglichen eine Aussage über die Fruchtbarkeit des eingesetzten Bockes.

Exterieurbewertung

Eine weitere, für Herdbuchziegen verpflichtende Leistungsprüfung, ist die **Exterieurbewertung**. Sie erfolgt nach Vorgaben des BDZ durch den Zuchtleiter oder dessen Beauftragte. Für Milchziegen werden die Merkmalskomplexe Rahmen, Form und Euter bewertet, für Fleischziegen Rahmen, Form und Bemuskelung sowie für Wollziegen Rahmen, Form und Wolle bzw. Faser. Abbildung 46 zeigt die verschiedenen Körperteile der Ziege, die in der Bewertung einfließen können.

Mittels der Exterieurbewertung wird allerdings keine genaue Aussage über Einzelmerkmale getroffen. Die Merkmalskomplexe sind eher

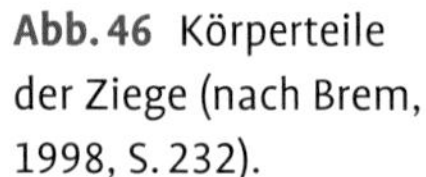

Abb. 46 Körperteile der Ziege (nach Brem, 1998, S. 232).

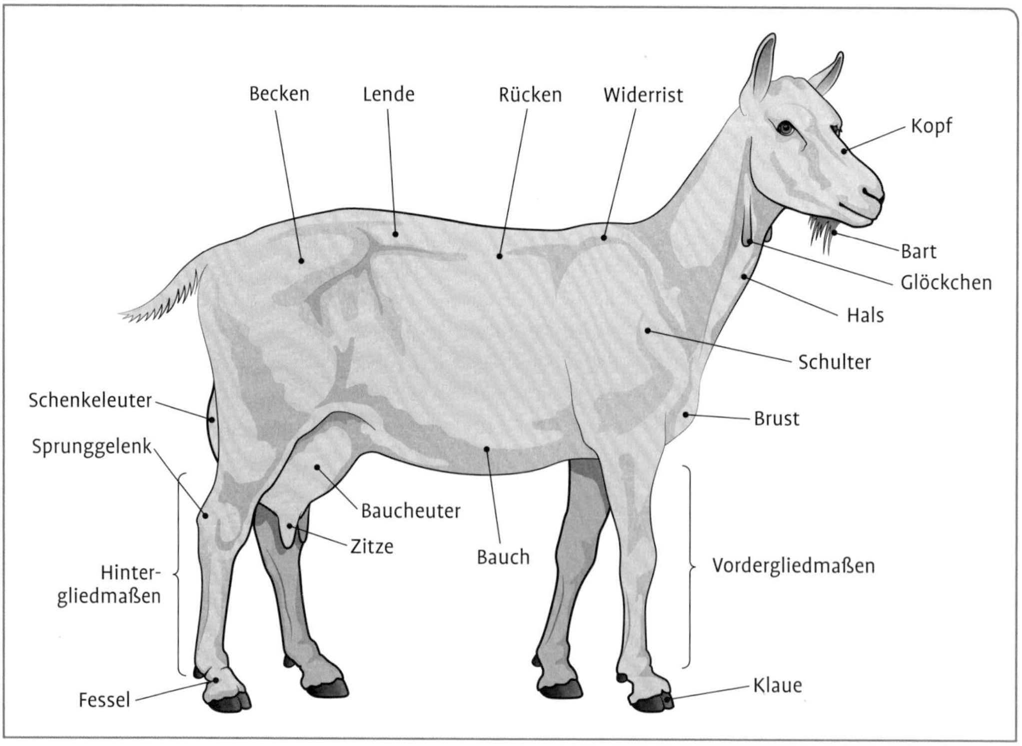

Tab. 4 Parameter der Exterieurbewertung.

Parameter	Bewertung von...	Bewertete Merkmale
Rahmen	Körperproportionen	Widerristhöhe, Länge, Breite, Tiefe
Form	Skelett und Gebäude, Mängel	Gebiss, Hörner, Schulter, Rücken, Becken, Beinstellung vorn/hinten, Hinterbeinwinkelung, Fesselung, Klauen bei Böcken: Hoden und Zitzenanlage bei Fleischziegen: Gabel- u. Doppelstriche negativ
Euter	Harmonie und Funktionalität	Euteraufhängung, Voreuter, Hintereuter, Strichplatzierung und -ausprägung
Bemuskelung	Ausprägung wertvoller Fleischpartien	Brust, Rücken, Keule (innen, außen)
Wolle	Faserleistung	Ausgeglichenheit, Farbe, Feinheit

vage definiert. Viele Einzelmerkmale haben innerhalb der Merkmalskomplexe Einfluss auf die Bewertung (Tab. 4). Es werden derzeit nur selten Schulungen durchgeführt, wo sich die verschiedenen Beurteiler in der Einheitlichkeit ihrer Bewertungen abstimmen können. Daher sind die Ergebnisse der Exterieurbewertung in verschiedenen Betrieben oder in verschiedenen Zuchtgebieten nur bedingt vergleichbar.

Tabelle 5 zeigt das Notensystem, nach dem die Exterieurbewertung durchgeführt wird. Die Notenskala wird von den Beurteilern allerdings oft nur unvollständig ausgenutzt.

Tab. 5 Notensystem der Exterieurbewertung.

Bewertung	Note
ausgezeichnet	9
sehr gut	8
gut	7
befriedigend	6
durchschnittlich	5
ausreichend	4
mangelhaft	3
schlecht	2
sehr schlecht	1

Lineare Beschreibung

Im Jahr 2014 wurde die **lineare Beschreibung** als Leistungsprüfung für Milchziegen in der ersten Laktation in die Zuchtprogramme der Weißen und Bunten Deutschen Edelziege in Bayern und Baden-Württemberg aufgenommen. Sie dient insbesondere der Nachkommenprüfung von Ziegenböcken. Der BDZ empfiehlt eine flächendeckende lineare Beschreibung von Milchziegen in der ersten Laktation. Mit der Methode der linearen Beschreibung teilt man das Exterieur eines Tieres in viele Einzelmerkmale auf. Jedes Merkmal wird in der Ausprägung zwischen seinen beiden Extremen objektiv beschrieben. Damit kann die gesamte genetische Variation jeden Merkmals in der Population erfasst werden. Es finden regelmäßig Schulungen statt, in denen sich die verschiedenen Beschreiber gemeinsam in der Beschreibung üben und sich miteinander abstimmen können.

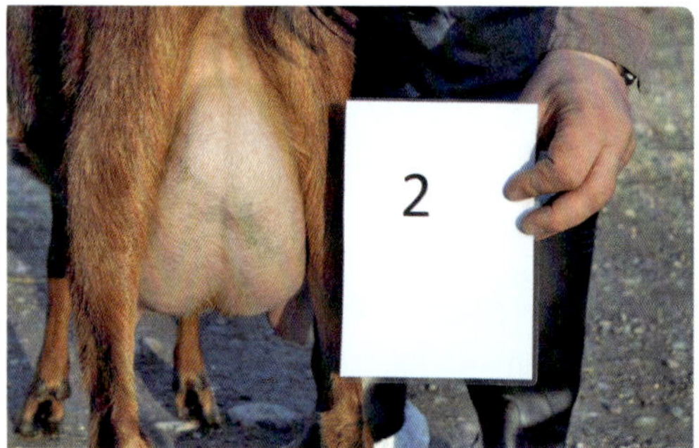

Abb. 47 Beispiel für die lineare Beschreibung des Merkmals „Zentralband". Hier beschrieben mit 2 Punkten, das ist eine flache Ausprägung.

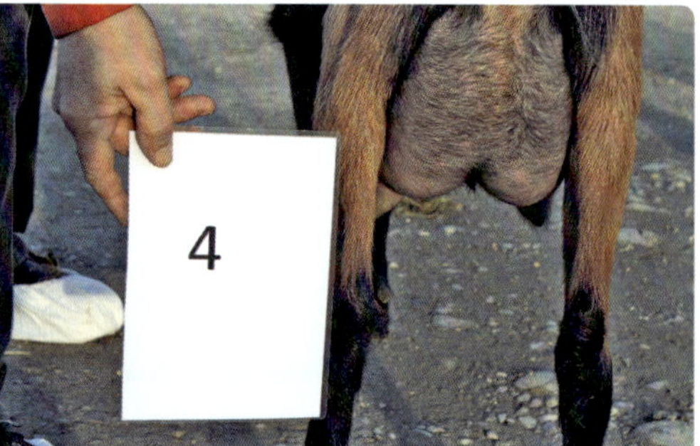

Abb. 48 Beispiel für die lineare Beschreibung des Merkmals „Zentralband". Hier beschrieben mit 4 Punkten, das ist eine immer noch flache, aber schon etwas gespaltene Ausprägung.

Abb. 49 Lineare Beschreibung eines Körpermerkmals am Beispiel der Körperlänge.

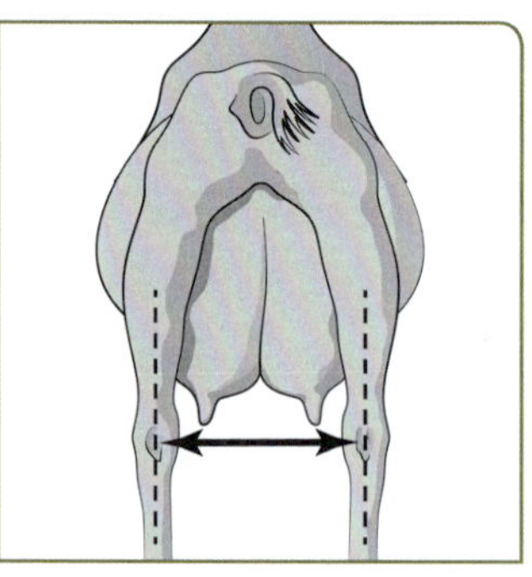

Abb. 50 Lineare Beschreibung eines Formmerkmals am Beispiel der Hinterbeinstellung.

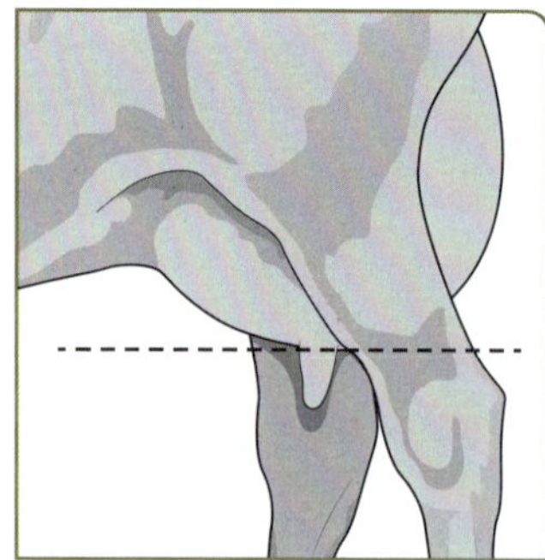

Abb. 51 Lineare Beschreibung eines Eutermerkmals am Beispiel der Euterbodentiefe.

Von ICAR gibt es eine Empfehlung, wie die lineare Beschreibung bei Milchziegen durchzuführen ist. In Bayern und Baden-Württemberg wird die lineare Beschreibung derzeit flächendeckend bei allen Weißen und Bunten Deutschen Edelziegen in der ersten Laktation durchgeführt. Es werden 21 Merkmale linear beschrieben oder gemessen (Beispiele s. Abb. 47–51). Bei der Thüringer Wald Ziege wird das System derzeit erprobt. Das System der linearen Beschreibung wäre auch für andere Nutzungstypen wie Fleisch-, Woll- oder Robustziegen denkbar. Bisher gibt es dafür jedoch keine Empfehlungen von ICAR oder BDZ (Vor- und Nachteile s. Tab. 6).

■ Bei **Max Gruber** wurden im Jahr 2018 zum ersten Mal zwei Jungziegen in der ersten Laktation linear beschrieben. Das wurde mit der Herdbuchaufnahme der Ziegen verbunden. Der Zuchtberater benötigt zur Beschreibung einer Ziege etwa 5 Minuten. Allerdings ist es erforderlich, dass der Betrieb eine Person stellt, die die Ziegen vorführt. Das erschien Max Gruber erst ziemlich aufwendig. Er hat dann die Beschreibung der Ziege genau beobachtet und war begeistert, wie detailliert alle Merkmale an der Ziege erfasst werden. Der Vater der beschriebenen Ziegen war ein Altbock, den Max Gruber auf dem Bockmarkt ersteigert hatte. Der Bock war zuvor auf einem großen Milchziegenbetrieb eingesetzt worden. Mit der neuen Zuchtwertschätzung ist Max Gruber nun erstaunt, dass er für seine beiden Ziegen Exterieurzuchtwerte ausgewiesen bekommt.

Tab. 6 Vergleich Lineare Beschreibung und Exterieurbewertung.

	Lineare Beschreibung	**Exterieurbewertung**
Vorteile	+ Objektive Merkmalsbeschreibung + Detaillierte Informationen + Stärken und Schwächen eines Tieres dokumentiert + Züchten auf Merkmalsverbesserung möglich (Einzelmerkmale) + Vergleichbarkeit der Ergebnisse, da Beschreibung zu definiertem Zeitpunkt + Streuung des Merkmals in der Population wird erfasst	+ Schnelles Erfassen des Erscheinungsbildes eines Tieres + Leichtes Reihen von Tiergruppen + Wenige Schulungen notwendig + Schnelle Dokumentation
Nachteile	– Beschreiben vieler einzelner Merkmale ist zeitaufwendig – Dateneingabe ist zeitaufwendig – „Eichen“ verschiedener Beschreiber notwendig (in sich und zwischen Beschreibern)	– Subjektive Notenvergabe – Note für einen Merkmalskomplex wenig aussagekräftig – Kein Züchten auf Einzelmerkmale möglich – Notenskala wird selten vollständig genutzt – Ergebnisse nur bedingt vergleichbar (unterschiedliches Alter, unterschiedliche Bewerter, usw.)

Sein Zuchtberater macht ihn zudem auf das internetbasierte Ziegen-Zuchtwert-Informationssystem (ZieZi) aufmerksam. Dort sieht er, dass auch der von ihm eingesetzte Bock ein lineares Profil ausgewiesen bekommt. Zukünftig nimmt er sich vor, vor dem Bockkauf im ZieZi-System nachzuschauen, ob der Bock oder sein Vater auch Exterieurzuchtwerte hat und wie der Bock bzw. sein Vater vererbt. So kann er noch gezielter auf Exterieurmerkmale züchten. ■

Gesundheits- und Robustheitsmonitoring

Eine freiwillige Form der Leistungsprüfung ist das in Bayern und Baden-Württemberg angebotene **Gesundheits- und Robustheitsmonitoring**. Dieses soll dabei unterstützen, die Langlebigkeit und Gesundheit der Ziegen zu verbessern. Neben verschiedenen Systemen zur Dokumentation im eigenen Bestand, bietet das Gesundheits- und Robustheitsmonitoring der Leistungskontrollverbände Bayern und Baden-Württemberg die Möglichkeit, betriebsübergreifender Dokumentation und Auswertung (s. Tab. 7).

■ **Leon Weber** begrüßt die Einführung des Gesundheits- und Robustheitsmonitorings im Online-Programm ZDV4M. Damit kann er tierbezogene Daten zu verschiedenen Erkrankungen aber auch zum Verhalten seiner Tiere erfassen. Da seine Ziegen den überwiegenden Teil des Jahres auf der Weide sind, ist für ihn die Entwurmung der Tiere sehr wichtig. Nun kann er detailliert für jedes Tier festhalten, wann er mit welchem Mittel entwurmt hat. Er würde sich wünschen, dass im Rahmen der Zuchtprogramme mehr Merkmale hinsichtlich der Weideeignung der Ziegen und vor allem in Bezug auf die Parasitentoleranz oder -resistenz erfasst würden. Er hofft nun, dass sich möglichst viele Ziegenhalter an dem freiwilligen Monitoring beteiligen, damit ausreichend Daten für züchterische Auswertungen gesammelt werden können. ■

4.6 Wofür braucht es eine zentrale Datenbank?

Bis vor wenigen Jahren erfolgte die Datenhaltung in der Ziegenzüchtung noch separat bei jedem Ziegenzuchtverband. Erst mit der Einführung der zentralen Datenbanken sind nun Datenbestände verschiedener Ziegenzuchtverbände miteinander verknüpft. Der überwiegende Teil der Ziegenzuchtverbände führt seine Zuchtbücher in der **OviCap-Datenbank** bei den Vereinigten Informationssystemen Tierhaltung w. V. in Verden (vit). In der Datenbank **Ziegendatenverbund (ZDV)** führen der Landesverband Bayerischer Ziegenzüchter e. V. die Rassen mit Milchleistungsprüfung und der Ziegenzuchtverband Baden-Württemberg e. V. alle Ziegenrassen (Abb. 53). Eine Besonderheit des ZDV gegenüber OviCap ist, dass die Zuchtbücher und die Daten aus der Leistungsprüfung in einer Datenbank geführt werden. Zudem werden auch alle Ziegen in den Produktionsherden, die unter Leistungsprüfung stehen, im ZDV geführt. So können für die Zuchtwertschätzung auch

Tab. 7 Merkmale eines Gesundheits- und Robustheitsmonitorings (nach Wolber, 2017).

Erkrankungen der Ziege/des Ziegenbocks	
Eutergesundheitsstörungen	**Tiernr./Dat.**
Mastitis	
Mastitis akut	
Milch: Flocken, blutig, faulig, erhöhter Zellg.	
Euter: schmerzempfindlich, heiß	
Mastitis chronisch	
Milch: unverändert, erhöhter Zellgehalt	
Euter: Euterrückbildung, Knoten	
Mastitis subklinisch	
Milch: unverändert, erhöhter Zellgehalt	
Euter: unverändert	
Blutmelken	
Störung der Milchabgabe	
Verletzung im Euterbereich	
Euterödem	
Euterrückbildung	
Knotenbildung	
Euterhälfte blind	
Gabelstriche	
Doppelstriche	
Mehrstriche	
Beistriche	
Striche zusammengewachsen	
Fistel	
Weitere Eutererkrankungen	
Schalmtest (CMT)	**Tiernr./Dat.**
(0) keine Auffälligkeit (CMT)	
(1) leicht (CMT)	
(2) mittel (CMT)	
(3) schwer (CMT)	
Organerkrankungen	**Tiernr./Dat.**
Erkrankungen der Haut/Unterhaut	
Unterhautödem	
Unterhauthämatom	
Unterhautabszess	
Liegestellen	
Erkrankungen der Körperwand	
Erkrankungen der Hörner	
Erkrankungen der Lymphatischen Organe	
Erkrankungen der Herz-Kreislauf-Organe	
Erkrankungen der Atmungsorgane	
Entzündung von Bronchien und Lunge	
Erkrankung der Leber und Gallenwege	
Erkrankungen der Harnorgane	
Erkrankungen des ZNS, der Augen und Ohren	
Erkrankung des Gehirns	
Erkrankung des Rückenmarks	
Erkrankung der Augen	
Erkrankung der Ohren	
Weitere Organerkrankungen	
Verdauungsstörungen	**Tiernr./Dat.**
Zahnerkrankung	
Pansenazidose	
Pansenblähung	
Labmagenblähung	
Durchfall	
Reduzierte Futteraufnahme	
Wiederkauaktivität gering	
Fortpflanzungsstörungen (Ziege)	**Tiernr./Dat.**
Abort (Verlammung)	
Schwergeburt	
Totgeburt (48 h pp)	
Kaiserschnitt	
Gebärmuttervorfall	
Scheidenvorfall	
Fehlerhafte Fruchtlagerung	
Nachgeburtsverhaltung	
Gebärmutterentzündung	
Zu wenig Kolostrum	
Scheinträchtigkeit	
Brunstlosigkeit	
Weitere Fortpflanzungsstörungen (Ziege)	

Fortsetzung **Tab. 7** Merkmale eines Gesundheits- und Robustheitsmonitorings (nach Wolber, 2017).

Fortpflanzungsstörungen (Bock)	**Tiernr./Dat.**
Verletzung der Geschlechtsorgane	
Erkrankungen des Penis	
Erkrankungen der Hoden	
Erkrankungen der Nebenhoden	
Kleinhodigkeit	
Einseitiger Kryptochismus (Bauchhoden)	
Beidseitiger Kryptochismus (Bauchhoden)	
Zeugungsunfähigkeit	
Weitere Fortpflanzungsstörungen (Bock)	

Parasitosen	**Tiernr./Dat.**
Ektoparasiten	
Haarlingsbefall	
Räude-Milben	
Läusebefall	
Zeckenbefall	
Endoparasiten	
Kokzidiose	
Magen-Darm-Würmer	
Leberegel	
Lungenwürmer	
Weitere Parasitosen	

Entwurmung	**Tiernr./Dat.**
Wm.: Benzimidazole (Panacur, Rintal, Valbazen)	
Wm.: Makrozyklische Laktone (Cydectin, Zermex)	
Wm.: Imidazothiazole (Belamisol, Concurat, Levamisol)	
Wm.: Amino-Acetonitril-Derivate (Zolvix)	

Notizen:	**Tiernr./Dat.**

Infektionskrankheiten	**Tiernr./Dat.**
Virusinfektion	
CAE	
Schmallenbergvirus-Infektion	
Lippengrind	
Bakterielle Infektion	
Clostridieninfektion	
Chlamydiose	
Pasteurellose	
Listeriose	
Paratuberkulose	
#otuberkulose	
Salmonellose	
Mykoplasmen	
Q-Fieber	
Mykosen	
Weitere Infektionskrankheiten	

Störungen des Bewegungsapparates	**Tiernr./Dat.**
Lahmheit	
Durchtrittigkeit	
Knochenerkrankung	
Gelenkerkrankung	
Sehnenerkrankung	
Schleimbeutelerkrankung	
Muskelerkrankung	
Nervenerkrankung	
Weitere Störungen des Bewegungsapparates	

Störungen der Klauengesundheit	**Tiernr./Dat.**
Störung der Klauengesundheit (eitrig)	
Klauenrehe	
Hohle Wand	
Wandhorn schlägt nach außen um	
Spreizklaue	
Bluterguss	
Verletzung der Klaue	
Fraktur im Klauenbereich	
Deformiertes Klauenwachstum	
Weitere Störungen der Klauengesundheit	

Stoffwechselstörungen	**Tiernr./Dat.**
Störung des Energie-/Fettstoffwechsels	
Ketose	

Verfettung	
Abmagerung	
Störung des Proteinstoffwechsels	
Störung des Mineralstoffwechsels	
Störung im Haushalt der Spuren-elemente	
Störung im Vitaminhaushalt	
Weitere Stoffwechselstörungen	

Vergiftungen	**Tiernr./Dat.**
Vergiftung durch Futterinhalte	
Vergiftung durch Metalle/Halbmetalle	
Vergiftung durch Desinfektionsmittel	
Vergiftung durch Pflanzen	
Weitere Vergiftungen	

Weitere Symptome und Störungen	**Tiernr./Dat.**
Leistungsdepression	
Festliegen	
Apathie	
Flüssigkeitsmangel	
Mangelnde körperliche Entwicklung	
Unterkühlung	
Erhöhte Temperatur	
Unfall	
Weitere Symptome und Störungen	

Impfungen	**Tiernr./Dat.**
Clostridiose	
Pasteurellose	
Q-Fieber	
Blauzungenkrankheit	
Chlamydiose	
Breinierenerkrankung	
Tetanus	
Bestandsspezifischer Impfstoff	
Weitere Impfungen	

Brunst/Belegung (Ziege)	**Tiernr./Dat.**
Vorbrunst (1 d)	
Hauptbrunst (12–36 h)	
Nachbrunst (1 d)	
Zwischenbrunst (17–18 d)	
Natursprung	
Künstliche Besamung	
Brunstsynchronisation	
Weitere Befunde der Brunst/Belegung	

Trächtigkeitsuntersuchung (TU)	**Tiernr./Dat.**
positiv (TU)	
negativ (TU)	
fraglich (TU)	

Maßnahmen	**Tiernr./Dat.**
Klauenpflege	
Trockenstellen (ohne Medikamenten-einsatz)	
Trockenstellen (mit Medikamenten-einsatz)	
Wiegen (Gewicht in kg)	
Verband angelegt	
Ohrmarke ersetzen	
Quarantäne	
Weitere Maßnahmen	

Verhaltensbeobachtungen	**Tiernr./Dat.**
Gezielte Bösartigkeit gegenüber Artgenossen	
Gezielte Bösartigkeit gegenüber Zicklein	
Gezielte Bösartigkeit gegenüber Menschen	
Schwierig im alltäglichen Umgang	
Springt über Stalleinrichtungen/Zäune	
Schlechte Muttereigenschaften	
Gute Muttereigenschaften	
Nervöses Muttertier	
Ansaugen anderer Milchziegen/ sich selbst	
Weitere Verhaltensbeobachtungen	

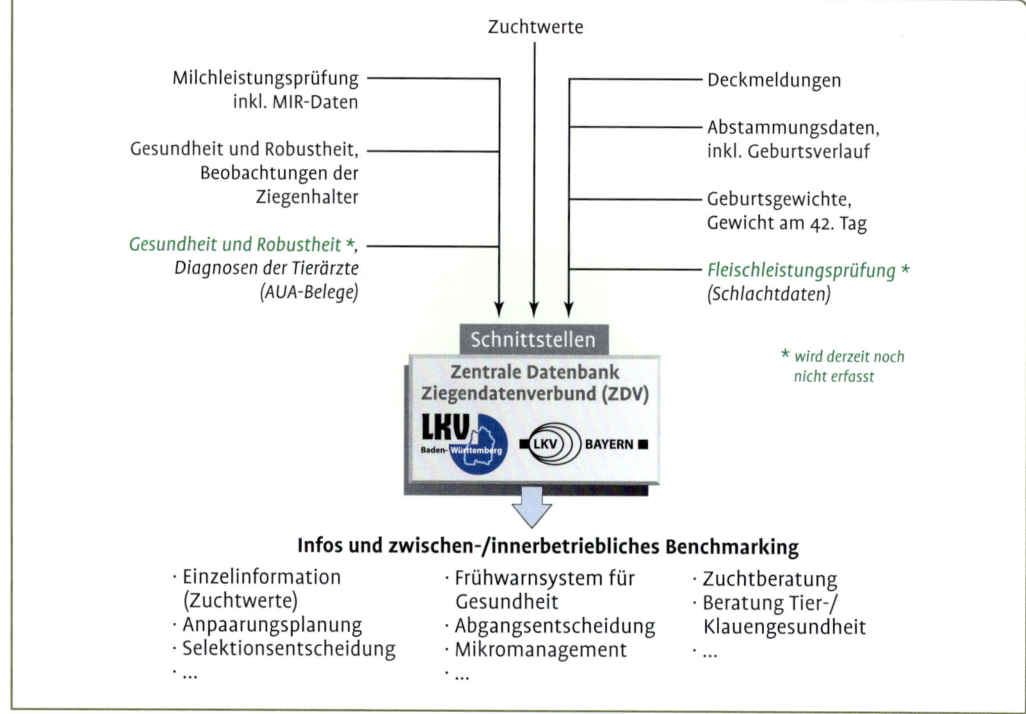

Abb. 52 Datenfluss Ziegendatenverbund.

Töchterinformationen für Herdbuchböcke genutzt werden, die in Produktionsherden eingesetzt werden. In beiden Datenbanken, OviCap und ZDV, ist die direkte Eingabe von Beobachtungen durch die Ziegenhalter möglich. Diese Möglichkeiten sollen zukünftig noch weiter ausgebaut werden.

Durch die Zusammenführung von Informationen aus verschiedenen Datenquellen werden den Ziegenzüchtern und -haltern vielfältige Informationen zu ihren einzelnen Ziegen zurückgeliefert. Zukünftig soll es auch überbetriebliche Auswertungen geben, sodass die Ziegenzüchter und -halter sich mit dem Durchschnitt der anderen Betriebe vergleichen können. So ist ein innerbetrieblicher Leistungsvergleich möglich: Wo sind Stärken, wo sind Schwachstellen des Betriebes? Die Informationen aus der Datenbank können auch für verschiedene züchterische Entscheidungen genutzt werden. Für alle Tiere im Bestand, auch für die gemeldeten Jungziegen, werden die aktuellen Zuchtwerte ausgewiesen. Zudem können – zumindest im ZDV – die Ergebnisse der verschiedenen Probemelkungen abgerufen werden. Schon jetzt sind die Online-Anwendungen geeignet für eine Nutzung mit Smartphone bzw. Tablet. Zukünftig soll an Apps gearbeitet werden, damit die Ziegenzüchter und -halter direkt im Stall tierbezogene Daten eingeben und abrufen können.

■ **Reiner Pütz** ist die Dateneingabe und der Datenabruf im Stall sehr wichtig. Er hat sich dazu eigens ein Tablet angeschafft, das er im Stall nutzt. So kann er direkt am Tier Informationen zu diesem online abrufen. Dies kann die Abstammung sein oder aber Informationen zu verschiedenen Leistungen des Tieres. Er kann Listen erstellen mit Tieren, bei denen die Klauen geschnitten werden müssen oder die geimpft werden sollen. Gemeinsam mit seinem Berater entwickelt er anhand der verschiedenen verfügbaren Listen Selektionsstrategien für seinen Bestand. Auch die Anpaarung kann er so viel genauer planen. Darüber hinaus kann er anhand der Probegemelke Auffälligkeiten bei Einzeltieren, wie z. B. erhöhte Zellzahlen, erkennen und diese Tiere genauer beobachten. ■

4.7 Erblichkeiten und Beziehungen zwischen Merkmalen

Leistungsmerkmale wie Milch- oder Fleischleistung haben in der Regel Erblichkeiten im hohen mittleren Bereich (0,2–0,5). Dadurch erreichen die Zuchtwerte schon bei wenigen wiederholten Leistungen je Tier (z. B. Laktationen) oder relativ wenigen Töchtern hohe Sicherheiten (Tab. 8). Wenn man bei der Auswahl der Paarungspartner auf die Milchzuchtwerte achtet, kann man so schnell Zuchtfortschritt in den Nachkommengenerationen erzielen. Anders sieht es bei den funktionalen sowie den Gesundheits- und Robustheitsmerkmalen aus. Diese haben in der Regel Erblichkeiten im niedrigen Bereich (0,01–0,15). Diese Merkmale können zwar züchterisch beeinflusst werden, die Umwelt hat jedoch immer einen großen Einfluss auf ihre Ausprägung. Hier kann nur sehr langsam Zuchtfortschritt erzielt werden. Gerade

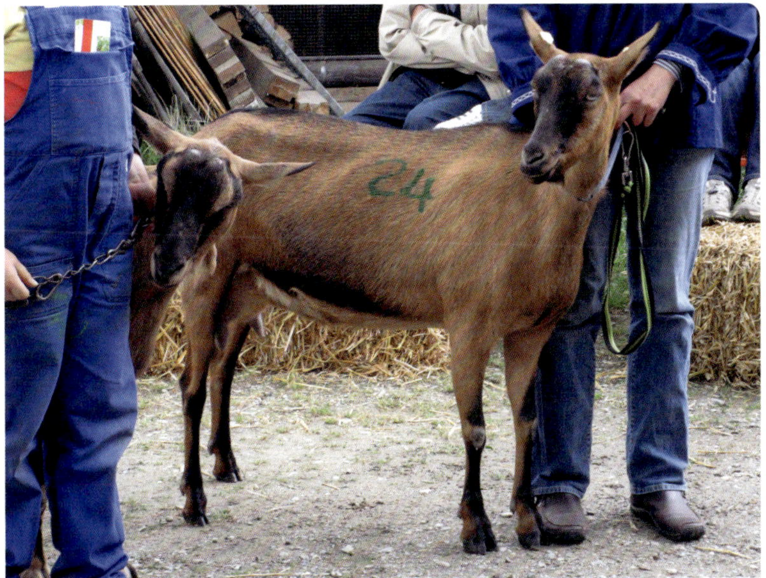

Abb. 53 Eine selbst gezüchtete Ziege, die sich mit anderen auf der Schau messen kann, ist der Stolz jeden Züchters.

Tab. 8 Heritabilitäten (Diagonale) und genetische Korrelationen für Milchleistungsmerkmale bei Bunter und Weißer Deutscher Edelziege (nach Herold et al., 2018).

Merkmal	1	2	3	4	5
1 Milchmenge	**0,334**	0,673	0,872	−0,177	−0,249
2 Fettmenge		**0,388**	0,800	0,598	0,230
3 Eiweißmenge			**0,347**	0,111	0,249
4 Fettgehalt				**0,484**	0,552
5 Eiweißgehalt					**0,518**

Tab. 9 Heritabilitäten (Diagonale) und genetische Korrelationen für Körper- und Fundamentmerkmale bei der BDE (nach Lange et al., 2018).

Merkmal	1	2	3	4	5	6	7	8	9
1 Stockmaß	**0,76**	0,44	0,38	0,14	0,36	0,36	0,03	−0,19	−0,31
2 Körperlänge		**0,21**	0,15	−0,22	0,59	0,67	−0,38	−0,43	0,06
3 Brustumfang			**0,47**	0,50	0,09	−0,06	−0,30	−0,41	−0,65
4 Bauchumfang				**0,31**	−0,23	−0,35	0,14	−0,24	−0,58
5 Beckenneigung					**0,31**	0,29	0,10	0,07	−0,07
6 Beinwinkelung hinten						**0,10**	−0,66	−0,36	−0,13
7 Fesselung hinten							**0,15**	0,75	0,45
8 Fesselung vorne								**0,51**	0,58
9 Beinstellung hinten									**0,06**

Tab. 10 Heritabilitäten (Diagonale) und genetische Korrelationen für Eutermerkmale bei der BDE (nach Lange et al., 2018).

Merkmal	1	2	3	4	5	6
1 Zitzenlänge	**0,30**	0,24	0,12	−0,56	0,14	0,01
2 Voreuteransatz		**0,11**	−0,49	0,57	0,08	0,26
3 Strichansatz am Euter			**0,55**	−0,19	0,51	−0,19
4 Strichform				**0,33**	0,28	−0,04
5 Euterbodentiefe					**0,06**	−0,72
6 Strichstellung						**0,15**

deswegen kommt hier einer gezielten Auswahl der Paarungspartner nach Zuchtwerten (soweit vorhanden) große Bedeutung zu. Merkmale des Körperbaus, wie das Stockmaß oder der Brustumfang, haben in der Regel hohe Erblichkeiten (0,5–0,8) (Tab. 9 + 10). Andere Exterieurmerkmale liegen im niedrigen bis mittleren Bereich (0,1–0,5).

4.8 Übertragung des Zuchtfortschritts

Zuchtfortschritt kann nur in der Zuchtpopulation erfolgen, wo Abstammungsinformationen und Informationen aus der Leistungsprüfung miteinander verknüpft werden können. Ein wichtiger Schritt ist dann die Übertragung des Zuchtfortschritts in die überwiegende Anzahl der Betriebe, in die Produktionsherden. Diese Übertragung erfolgt am einfachsten über männliche Tiere, also Zuchtböcke, die in den Produktionsherden eingesetzt werden. Damit die Zuchtböcke für die Produktionsbetriebe attraktiv sind, ist es wichtig, dass die Ziele der Produktionsbetriebe sich in den Zuchtzielen des Zuchtprogramms abbilden. Nur dann ist es möglich, dass die Züchter ihre Tiere in größeren Stückzahlen erfolgreich vermarkten können.

Bei **Reiner Pütz** gibt es Zucht- und Produktionsherden in einem Bestand. Nur 300 der insgesamt 1000 Milchziegen sind im Herdbuch eingetragen. Die anderen Ziegen stehen unter Leistungsprüfung, werden aber nicht im Herdbuch geführt. Um in seinem gesamten Bestand eine hohe Leistung zu erreichen, achtet Reiner Pütz sehr darauf, welche Böcke er zur Anpaarung mit den Nicht-Herdbuchziegen einsetzt. Zur Anpaarung mit den Nicht-Herdbuchziegen setzt Reiner Pütz entweder zugekaufte Herdbuchböcke ein oder Jungböcke aus seinen besten Herdbuchziegen.

4.8.1 Genetische Besonderheiten

Alle Tiere sind Träger genetischer Besonderheiten. Diese entstehen durch **Mutationen**. Mutationen sind spontan auftretende, dauerhafte Veränderungen im Genom. Mutationen erhöhen die genetische Varianz und sind letztlich der Motor für Veränderung (= Evolution). Allerdings überwiegt der Anteil der negativen Mutationen. Sogenannte Letalmutationen führen direkt zum Tod des Trägers. Andere Mutationen wirken sich nur dann schädlich aus, wenn zwei gleiche Allele aufeinandertreffen. Das kann geschehen, wenn sowohl Vater als auch Mutter Träger der gleichen Mutation sind.

Es können verschiedene Erbgänge auftreten. Ist der **Erbgang rezessiv**, so tritt die genetische Besonderheit nur dann auf, wenn von Mutter und Vater das entsprechende Allel vererbt wird. Das Allel muss homozygot vorliegen. Ein Beispiel hierfür ist die Brachygnathie, die Unterentwicklung von Ober- oder Unterkiefer. Ist der **Erbgang dominant**, so tritt die genetische Besonderheit auf, wenn von Mutter oder

Vater ein Allel vererbt wird. Für die Merkmalsausprägung kann das Allel also hetero- oder homozygot vorliegen. Ein Beispiel hierfür ist die Hornlosigkeit.

Verglichen mit anderen Tierarten sind bei Ziegen bisher nur wenige genetische Besonderheiten bekannt. Unter **genetische Besonderheiten** werden zum einen die Erbfehler gezählt (Tab. 11). Manchmal werden Eigenschaften, die charakteristisch für bestimmte Rassen sind, bei anderen Rassen als Erbfehler angesehen. Beispiele hierfür sind die Langhaarigkeit der Toggenburger Ziege, die Stummelohren der La-Mancha-Ziege oder der Zwergwuchs der westafrikanischen Zwergziege. Genetische Besonderheiten sind zum anderen aber auch die Hornlosigkeit oder bestimmte Eiweißvarianten in der Ziegenmilch.

Die **Kieferverkürzung** (Brachygnathie) ist häufig bei Rassen mit Ramsnase zu sehen. Dies sind z. B. Burenziege und Anglo-Nubier-Ziege. Bei einer extremen Ausprägung sitzen die Schneidezähne nicht auf der Zahnplatte des Oberkiefers auf, die Zahnstellung ist nicht korrekt. Tiere mit Kieferverkürzung sind beim Weiden und beim Kauen insgesamt beeinträchtigt. Zudem kann die Nasenhöhle verformt und die Atmung behindert sein. Extreme Ausprägungen der Kieferverkürzung sind bei Rassen wie der Damaskus Ziege oder der Zaraibi Ziege im Nahen Osten zu finden, wo die extreme Ramsnase als Schönheitsideal gilt (Abb. 54). Um einer indirekten Züchtung auf Kieferverkürzung durch das Rassemerkmal Ramsnase vorzubeugen, können bei Buren- und Anglo-Nuber-Ziegen bei der Exterieurbewertung Abzüge in der Formnote gemacht werden.

Bei Ziegen können verschiedene Formen von **Zitzenfehlern** vorkommen. Sogenannte Beistriche sind kleine Zitzen in Zentimetergröße, die neben den beiden Hauptstrichen am Euter ansetzen. Afterzitzen sitzen hinter den Hauptstrichen am Euter. Sie sind meist klein, können aber auch so groß wie die Hauptstriche werden, sodass das Euter dem einer Kuh ähnelt.

Abb. 54 Damaskus Ziege mit deutlicher Verkürzung des Oberkiefers.

Tab. 11 Erbfehler bei der Ziege (nach Gall, 2001).

Merkmal	Erbgang[1]
Morphologische Auffälligkeiten	
Afterlos	
Brachygnathie (Unterentwicklung von Ober- oder Unterkiefer, Karpfenmaul, Hechtmaul)	rezessiv
Dackelbeinig (verkürzte Beine)	
Fehlen von Schneidezähnen	
Gesichtsverkrümmung (seitliche Verbiegung der Nasenlinie)	
Haarlosigkeit	rezessiv
Herzfehler (Defekt an der Scheidewand zwischen den Herzkammern)	
Übermäßiges Klauenwachstum	
Kryptorchismus (Einhodigkeit bei Angoraziegen)	rezessiv
Ohrlos	rezessiv
Ohrmuscheldeformation	dominant
Stummelohr	unvollständig dominant
Zitzenzahl (bei Neben- und Afterzitzen)	
Zitzenverschluss (Blindes Euter, Fehlen der Ausführungsgänge des Euters)	
Zwergwuchs (Achondroplasie)	unvollständig dominant
Zwergwuchs (Hypophysen-Hypoplasie)	
Funktionale Auffälligkeiten	
Abort bei Angoras	
Afribinogenämie (Störung der Blutgerinnung)	unvollständig dominant
Anasarka (Wasser-, Bulldogkitz)	rezessiv
Anfallsweise Myotonie (Muskelkrampf)	rezessiv
Gynäkomastie (Euterbildung beim Bock)	unvollständig dominant
Kropf (Thyreoglobulin-Synthesedefekt)	rezessiv
Knie-Geher (Bockkitze, die auf den Karpalgelenken gehen, subletal)	rezessiv geschlechtsgebunden
B-Mannosidosis	rezessiv
Fortschreitende Lähmung von Angorakitzen	
Unterentwickelte Angorakitze	

[1] Die meisten Erbgänge sind wegen unzureichender Zahl von Beobachtungen nur vermutet.

Ebenso können Gabelstriche vorkommen. Damit ist gemeint, dass ein oder beide der Hauptstriche mehr oder weniger tief in zwei in etwa gleich große Zitzen aufgespalten sind. Alle diese Zitzen können mit Ausführungsgängen versehen und mit kleinen Drüsenkomplexen verbunden sein. Sie können milchführend, aber auch blind, das heißt ohne Ausgang sein.

Zitzenfehler können sowohl bei Ziegen als auch bei Böcken vorkommen. Bei den Milchziegen führen Beistriche, Afterzitzen oder Gabelstriche zum Zuchtausschluss. Bei Burenziegen wird immer wieder diskutiert, inwieweit Beistriche oder Afterzitzen erlaubt sein sollten. Einige Züchter argumentieren, dass bei milchführenden Beistrichen die Aufzucht der häufiger auftretenden Drillings- und Vierlingswürfe einfacher wäre.

Hornlosigkeit galt lange Zeit bei vielen Milchziegenrassen als Zuchtziel. Allerdings ist die reinerbige Hornlosigkeit mit dem Auftreten von Zwittern verbunden. Daher ist man inzwischen von der Hornlosigkeit als Zuchtziel abgekommen. Das Merkmal Hornlosigkeit wird von einem Genort bestimmt. Die Allele für Hornlosigkeit bzw. Hornausbildung werden mit „P“ bzw. „p“ für das englische Wort „Polled“ abgekürzt. Dabei wird das dominante Allel groß-, das rezessive kleingeschrieben. Das Allel für hornlos (P) ist dominant über das der Hornausbildung (p). Horntragende Ziegen sind somit immer reinerbig gehörnt (pp). Hornlose Ziegen können reinerbig (PP) oder mischerbig (Pp) für das Merkmal hornlos sein (s. Tab. 12). Die Zucht auf reinerbig hornlose Ziegen ist aufgrund der Zwitterbildung nicht möglich bzw. nicht anzustreben. Zwitter bilden keine normalen (weiblichen) Geschlechtsorgane aus und sind damit unfruchtbar (s. Tab. 12, durchgestrichene Genotypen). Zudem können tierschutzrelevante Missbildungen auftreten. Die Professur für Haustier- und Pathogenetik der Justus-Liebig-

Tab. 12 Ergebnis der Paarung von behornten und unbehornten Ziegen und Böcken (nach Gall, 2001).

Böcke	Ziegen Hornlos Pp	Ziegen behornt pp
Hornlos PP	~~50 % Hornlos PP~~[1] 50 % Hornlos Pp	100 % Hornlos Pp
Hornlos Pp	~~25 % Hornlos PP~~ 50 % Hornlos Pp 25 % Behornt pp	50 % Hornlos Pp 50 % Behornt pp
Behornt pp	50 % Hornlos Pp 50 % Behornt pp	100 % Behornt pp

[1] Die genetisch weiblichen Ziegen der durchgestrichenen Genotypen sind unfruchtbar.

Abb. 55 Bei Ziegen gibt es sowohl genetisch hornlose als auch behornte Tiere.

Universität Gießen bietet inzwischen einen Gentest zur Erkennung von „Hornlos-Zwittern" bei Ziegen an.

In der Milchziegenzüchtung wird viel über die Hornlosigkeit diskutiert. Ziegen können sich mit den Hörnern gegenseitig sehr schwere Verletzungen zufügen – insbesondere auch am Euter. Diese Verletzungen können zum Abgang der betroffenen Tiere führen. Das routinemäßige Enthornen von Ziegen ist nach dem Tierschutzgesetz nicht erlaubt. Wenn ein Ziegenhalter einen hornlosen Bestand halten will, bleibt ihm daher nur der Weg der Züchtung. Allerdings kann nicht auf reinerbige Hornlosigkeit gezüchtet werden, sondern die gemischterbige Hornlosigkeit sollte das Zuchtziel sein (s. Abb. 55). Dies setzt eine sehr genaue Anpaarungsplanung voraus. Gemischterbig hornlose Ziegen müssen dann immer mit einem behornten Bock gedeckt werden. Dies bedeutet, dass doch immer wieder behornte Ziegen geboren werden. Soll der Bestand hornlos bleiben, müssen alle behornten Kitze verkauft oder geschlachtet werden.

Während der Fettgehalt der Milch zu einem hohen Maß durch die Fütterung bestimmt wird, ist die Zusammensetzung des **Milcheiweißes** bzw. -proteins genetisch bestimmt. In Tabelle 13 sind die durchschnittlichen Anteile verschiedener Proteingruppen in Ziegenmilch dargestellt. Diese Proteingruppen können jedoch aus sehr unterschiedlichen Varianten bestehen. Diese Proteinvarianten gelten ebenfalls als genetische Besonderheiten. Zurzeit besteht hier bei der Ziege noch eine enorme Vielfalt, da das Merkmal „Proteinvariante" bisher nicht züchterisch bearbeitet wurde. In Frankreich wurde jedoch inzwischen ein Gentest für αs1-Kasein entwickelt. Dieser wird bei allen für die künstliche Besamung infrage kommenden Jungböcken

Tab. 13 Durchschnittliche Anteile verschiedener Proteingruppen in Ziegenmilch (verändert nach Selvaggi et al., 2019).

Gesamtproteinmenge (g/kg)	37,2
Kaseine (g/kg)	**24,0**
αs1-Kasein (% Gesamtkasein)	5,6
αs2-Kasein (% Gesamtkasein)	19,2
β-Kasein (% Gesamtkasein)	54,8
κ-Kasein (% Gesamtkasein)	20,4
Molkenprotein (g/kg)	**7,4**
α-Laktalbumin (% Gesamtmolkenprotein)	24,0
β-Laktalbumin (% Gesamtmolkenprotein)	53,7
Weitere Molkenproteine (% Gesamtmolkenprotein)	22,3

durchgeführt. Das αs1-Kasein-Gen beeinflusst die produzierte Fett- und Eiweißmenge. Auf der anderen Seite deuten wissenschaftliche Untersuchungen darauf hin, dass ein niedriger αs1-Kasein-Anteil in der Ziegenmilch mit weniger allergischen Reaktionen auf Milch einhergeht. Mit dem Gentest kann man die verschiedenen Varianten des αs1-Kaseins bestimmen. Die Genvarianten A und B sind verbunden mit einem hohen αs1-Kasein-Gehalt. Die Varianten E, F und N sind verbunden mit einem niedrigen αs1-Kasein-Gehalt. Eine Kombination von „hohen“ und „niedrigen“ Varianten führt zu einem intermediären Gehalt.

5 Die Fortpflanzung der Ziege

Die **Fruchtbarkeit** unserer Ziegen ist eine Grundvoraussetzung für die Zucht. Die meisten der bei uns vorkommenden Ziegenrassen sind **saisonal**, das heißt, die weiblichen Tiere sind im Spätsommer bis Herbst empfängnisbereit und können damit jedes Jahr nur einmal gedeckt werden. Nur die Burenziege ist **asaisonal** und kann das ganze Jahr über gedeckt werden. Damit sind bei intensiver Haltung bei Burenziegen drei Würfe in zwei Jahren möglich.

In der landwirtschaftlichen Ziegenhaltung wird zunehmend versucht, auch bei den Milchziegenrassen die Saisonalität zu durchbrechen. Wird die Milch an eine Molkerei abgeliefert, so ist diese daran interessiert, kontinuierlich das ganze Jahr über Milch geliefert zu bekommen. Bei saisonaler Fruchtbarkeit stehen jedoch alle Ziegen ungefähr zur gleichen Zeit trocken und es kann keine Milch geliefert werden. Daher setzen die Molkereien in der Regel finanzielle Anreize, um auch im Winter, der herkömmlichen Trockenstehzeit, Milch geliefert zu bekommen. Durch gezielte Selektion von Ziegen, die auch asaisonale Fruchtbarkeit zeigen, wird bei den Rassen Bunte und Weiße Deutsche Edelziege die Saisonalität zunehmend durchbrochen. Es gibt bisher wenig wissenschaftliche Untersuchungen zu dem Merkmal „Nichtsaisonale-Bedeckung“, die geschätzten Erblichkeiten liegen zwischen 0,11 und 0,23. Damit wäre das Züchten auf dieses Merkmal möglich. Die nichtsaisonale Bedeckung scheint in keiner Beziehung zu Milchleistungsmerkmalen zu stehen. Eventuelle Beziehungen zur Fruchtbarkeit wurden bisher nicht untersucht.

5.1 Paarung

Ziegen sind frühreif, manche Tiere können mit 3–4 Monaten schon **geschlechtsreif** sein. Die Zuchtreife ist bei den einzelnen Rassen unterschiedlich und liegt zwischen 5–12 Monaten. Die heimischen Milchziegenrassen werden überwiegend in einem Alter von 7–8 Monaten zum ersten Mal gedeckt. Eine Faustzahl zum richtigen **Deckzeitpunkt** unter guten Fütterungsbedingungen lautet, dass die Tiere 60 % des Erwachsenengewichts erreicht haben sollten, bevor sie gedeckt werden. Das entspricht etwa 30 kg im Alter von 7–8 Monaten. In manchen Betrieben werden die Tiere erst in einem Alter von 18–20 Monaten gedeckt, um ihnen zunächst ausreichend Zeit für die eigene Entwicklung zu lassen.

Der Zyklus dauert bei Ziegen etwa 21 Tage (± 2 Tage). Die **Brunst** dauert insgesamt etwa 30 Stunden. Diese ist am Verhalten der Ziege zu erkennen. Die Ziege verhält sich unruhig, wedelt häufig mit dem

Schwanz, zeigt eine leichte Schwellung der Scham und Rötung der Schleimhaut, reitet bei anderen Ziegen auf und drängt sich an den Bock oder auch an Menschen. Läuft ein Bock mit in der Herde, so kontrolliert er die Ziegen ständig, er beschnuppert sie, besonders im Schwanzbereich und reibt sich an den Ziegen (s. Abb. 56). Der Bock schlägt mit den Vorderfüßen auf den Boden, schnalzt mit der Zunge und versucht manchmal, die Ziegen zu bespringen. Ist der richtige Zeitpunkt noch nicht gekommen, so duckt sich die Ziege jedoch weg und klemmt den Schwanz ein. Erst beim Höhepunkt der Brunst bleibt die Ziege stehen, der Bock kann aufreiten und sie decken.

Der Deckakt ist ein sehr schneller Vorgang, nach kurzen schnellen Suchbewegungen erfolgt ein heftiger Nachstoß, bei dem sich der Bock hoch aufrichtet. Dieser Nachstoß ist charakteristisch für die Samenablage. Es ist also wichtig, dass Böcke diese Bewegung ausführen, ansonsten könnte ihre Fruchtbarkeit gestört sein.

Während der Deckzeit führen Ziegenböcke das sogenannte **Maulharnen** aus. Dabei urinieren sie auf Kopf, Bart, Hals und Beine. Der Urin zersetzt sich rasch und verstärkt den Geruch der Hautdrüsen. Es wird vermutet, dass der dadurch entstehende intensive Geruch die Attraktivität des Bockes für die Ziegen erhöht. Für den Ziegenhalter kann der intensive Bockgeruch jedoch Probleme mit den Nachbarn mit sich bringen.

Besitzt man eine größere Herde, so sollte man 20–40 Ziegen für einen Bock rechnen. Je weniger Ziegen einem Bock zugeteilt werden, umso sicherer werden diese trächtig. Jungböcke sollten nur 15–20 Zie-

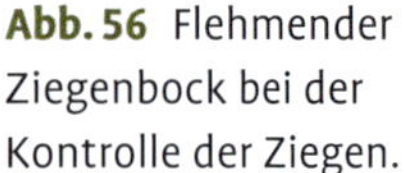
Abb. 56 Flehmender Ziegenbock bei der Kontrolle der Ziegen.

gen zugeteilt bekommen. Um die Nachkommen gezielt einem Bock zuordnen zu können, sollten die **Deckgruppen** (= Bockgruppen) getrennt voneinander gehalten werden. Ansonsten ist eine Zuordnung nur über eine Abstammungsuntersuchung von Kitzen und Elterntieren möglich. Hier kann z. B. über Blutproben von (potenziellen) Eltern und Nachkommen der Genotyp und damit die korrekte Abstammung bestimmt werden. Bei verschiedenen Deckgruppen in einem Stallgebäude besteht die Gefahr, dass Ziegen oder Böcke aus den ihnen zugeteilten Gruppen ausbrechen und sich zu einem Bock bzw. einer Ziege einer anderen Gruppe gesellen. Dabei überwinden die Tiere Höhen von bis zu 1,80 m.

Manche Ziegenhalter bilden keine Deckgruppen, sondern teilen die Ziegen dem Bock direkt zu. Durch diesen „**Sprung aus der Hand**" ist es möglich, für jede Ziege genau den passenden Bock zu bestimmen. Allerdings erfordert diese Art der Bedeckung großes Augenmerk durch den Züchter. Es muss genau der richtige Zeitpunkt der Brunst erkannt werden, damit die Ziege auch zuverlässig stehen bleibt.

■ Insbesondere bei kleinen Populationen ist es wichtig, auf die Vielfalt innerhalb der Rasse, aber auch innerhalb des eigenen Bestandes zu achten. Nur so kann der Inzuchtsteigerung vorgebeugt werden. **Silke Müller** hat sich vorgenommen, ihre Thüringer Wald Ziegen aus der Hand zu decken. Die Idee hat sie bei der Betriebsführung bei einer erfahrenen Züchterin gewonnen. Silke Müller hat sich für ihre 60 Ziegen vier Böcke aus verschiedenen Linien gekauft. Die Böcke sind in einem separaten Stall untergebracht, dort hat jeder Bock seine eigene Box. Vor Beginn der Decksaison hat Silke Müller die Abstammungen ihrer Ziegen studiert und danach die Ziegen den verschiedenen Bocklinien zugeteilt (= Anpaarungsplan). Wenn dann die Ziegen brünstig werden, holt sie sie einzeln am Halsband aus der Ziegenherde und bringt sie zum Bock in dessen Box. Dort verbleibt die Ziege mehrere Stunden. Dann bringt Silke Müller die Ziege wieder zurück in die Herde. Silke Müller hat keine Probleme, die brünstigen Ziegen zu erkennen. Vom Ziegenstall aus gibt es eine Blickachse zum Bockstall. Brünstige Ziegen stehen dort am Gitter, sozusagen bereit, abgeholt zu werden. ■

Die Brunst der Ziegen kann dadurch stimuliert werden, dass die Böcke erst zur gewünschten Paarungszeit zur Herde kommen bzw. in der Nähe der Herde aufgestallt werden. Die Ziegen kommen dann innerhalb von 7–14 Tagen in die Brunst und können gedeckt werden. Für das Auffinden von brünstigen Ziegen können sogenannte **Suchböcke** genutzt werden. Dies sind z. B. sterilisierte Böcke oder Böcke mit einer Deckschürze.

5.2 Natürliche Fortpflanzung oder künstliche Besamung?

In Deutschland findet die Paarung von Ziegen derzeit überwiegend im **Natursprung** also der natürlichen Verpaarung von Ziege und Bock statt. Dies ist eine für den Halter einfache Methode mit einer hohen Trächtigkeitsrate. Allerdings muss hierfür mindestens ein Bock, bei größeren Beständen auch mehrere Böcke gehalten werden. Die Böcke werden jedoch nur in der Decksaison zum Erzeugen der Nachzucht benötigt, den Rest des Jahres brauchen sie Stallplatz und Futter, das heißt sie verursachen nur Kosten. Zudem können Böcke durch Horn- oder

Tab. 14 Vor- und Nachteile von Natursprung und künstlicher Besamung.

	Natursprung	**Sprung aus der Hand**	**Künstliche Besamung**
Vorteile	+ Bock erkennt zuverlässig richtigen Deckzeitpunkt + Hoher Deckerfolg (>90 %) + Entspricht dem natürlichen Verhalten + Kaum Arbeitsaufwand + Erfordert keine Ausbildung oder Fachpersonal	+ Hoher Deckerfolg bei richtiger Brunsterkennung (>90 %) + Schnellerer Zuchtfortschritt möglich, da gezieltere Anpaarung einzelner Ziegen und Böcke, allerdings mit begrenzter Auswahl an Böcken + Erfordert keine Ausbildung oder Fachpersonal + Gerade im kleinen Bestand einfach umsetzbar	+ Schnellerer Zuchtfortschritt möglich, da einzeltierbezogene gezielte Anpaarung möglich + Hoher Hygienestandard, kein Eintragen von Krankheiten + Bockhaltung entfällt + Arbeitssicherheit
Nachteile	– Langsamerer Zuchtfortschritt, da nur bedingt gezielte Anpaarung moglich ist – Zusätzlicher Stallraum notwendig, wenn mehrere Deckgruppen gebildet werden – Bockhaltung erforderlich (Stallraum, Arbeit, Geruch) – Gefahr, Krankheiten in den eigenen Bestand einzutragen – Arbeitssicherheit	– Zeitaufwand, um Ziegen zum richtigen Deckzeitpunkt zu identifizieren – Evtl. zusätzlicher Aufwand durch Synchronisation – Bockhaltung erforderlich (Stallraum, Arbeit, Geruch) – Gefahr, Krankheiten in den eigenen Bestand einzutragen – Natürliches Paarungsverhalten kann nicht oder nur bedingt ausgelebt werden – Arbeitssicherheit	– Zeitaufwand, um Ziegen zum richtigen Deckzeitpunkt zu identifizieren – Hohes Maß an Übung notwendig – Mäßiger bis geringer Deckerfolg (≤65 %) – Evtl. zusätzlicher Aufwand durch Synchronisation – Synchronisation als Eingriff in den natürlichen Zyklus der Ziege – Natürliches Paarungsverhalten kann nicht oder nur bedingt ausgelebt werden – Ausbildung oder Fachpersonal notwendig

Kopfstöße großen Schaden an der Stalleinrichtung anrichten. Ihr Geruch kann zu Problemen mit den Nachbarn führen. Jeder Zukauf eines Tieres aus einer fremden Herde birgt die Gefahr, sich Krankheiten in den eigenen Bestand zu holen. Auch beim Deckakt können Krankheiten übertragen werden.

Eine andere Möglichkeit als der Natursprung ist die **künstliche Besamung**. Die Vor- und Nachteile zum Natursprung oder aus der Hand zeigt Tabelle 14. Bei anderen Nutztierarten wie Rind und Schwein wird der überwiegende Anteil der Anpaarungen mittels künstlicher Besamung ausgeführt. In anderen europäischen Ländern wie Frankreich, den Niederlanden oder Großbritannien gibt es ebenfalls Besamungs-

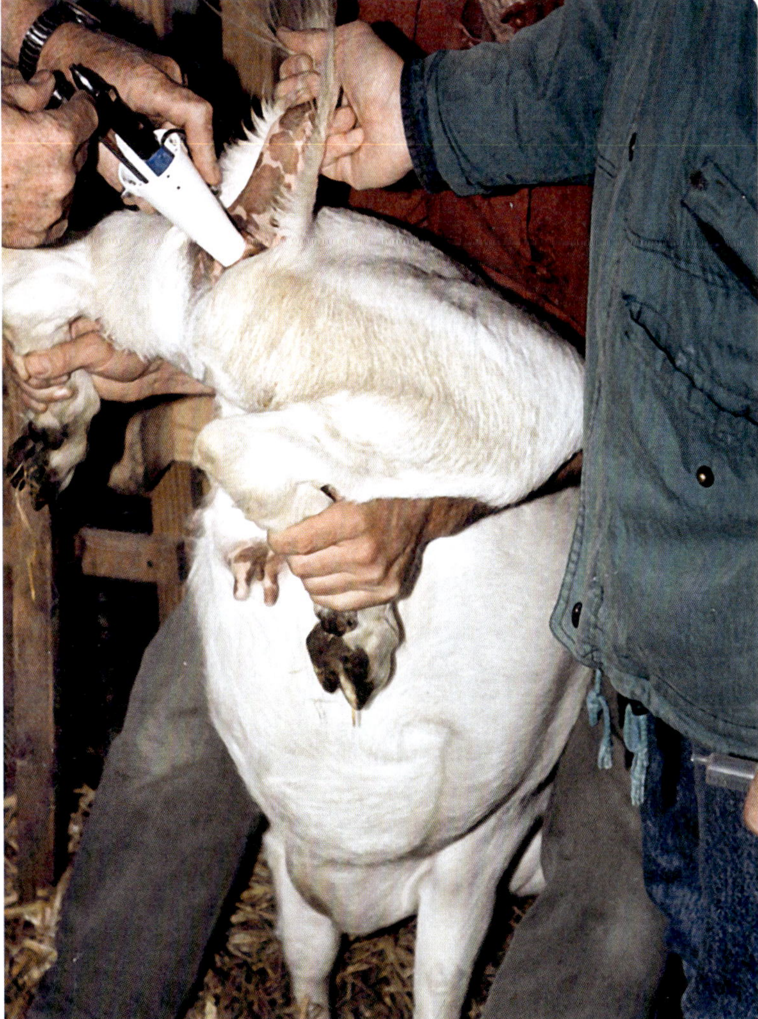

Abb. 57 Künstliche Besamung bei der Ziege. (aus v. Korn et al., 2011, S. 65).

zuchtprogramme bei den intensiv genutzten Milchziegenrassen (Alpine, Saanen). In der Regel wird Tiefgefriersperma verwendet.

Die Besamung der Ziege ist schwieriger als beim Rind. Für einen guten Befruchtungserfolg sollte die Samenablage bei der Ziege in der Gebärmutter erfolgen. Dafür muss die Scheide mit einem Spekulum geöffnet und bei Beleuchtung die Spermapipette in den Gebärmutterhals eingeführt werden. Dafür sollte die Ziege hinten hochgehoben werden (s. Abb. 57). Die künstliche Besamung bei der Ziege erfordert ein gewisses Maß an Übung, um hohe Befruchtungserfolge zu erzielen. Ziegenhalter können entweder einen Kurs für Eigenbestandsbesamer besuchen und dann ihre Herde selber besamen. Oder sie können einen entsprechend ausgebildeten Fachtierarzt für die künstliche Besamung rufen.

Da das Auffinden einzelner Ziegen zum optimalen Brunstzeitpunkt schwierig ist, wird die künstliche Besamung bei der Ziege oftmals mit einer **Brunstsynchronisation** gekoppelt. Eine Brunstsynchronisation kann erfolgen durch
- den Bockeffekt,
- ein Lichtprogramm oder
- den Einsatz von Hormonen.

Für den **Bockeffekt** dürfen die Ziegen zunächst keinen Kontakt zu einem Ziegenbock haben. Dann wird plötzlich ein Bock zur Herde gegeben. Dies löst eine sehr gleichmäßige Brunst in der Herde aus. Allerdings wird die Herde über einen Zeitraum von 5–6 Tagen brünstig und nicht alle gezielt an einem Tag. Zudem werden alle Tiere brünstig; es ist nicht möglich, nur einzelne Tiere zu stimulieren.

Bei den saisonalen Ziegenrassen wird die Brunst durch den längsten Tag ausgelöst. 3–17 Tage später tritt die erste Brunst auf. Verändert man die Tageslichteinwirkung auf die Ziegen, so kann man ebenfalls ihr Brunstverhalten steuern. Durch ein **Lichtprogramm** mit künstlicher Beleuchtung und Verdunkelung wird den Tieren eine abnehmende Tageslichtdauer vorgetäuscht. Dies induziert die Brunst – allerdings nicht sonderlich synchron.

Eine weitere Möglichkeit ist die **hormonelle Auslösung der Brunst**. Mittels sogenannter Schwämmchen wird das Hormon Progesteron in die Scheide eingeführt. Nach 10–12 Tagen spritzt man den Tieren PMSG (Gelbkörperhormon) und ein Prostaglandin-F2α-Analogon wie Cloprostenol und entnimmt die Schwämmchen. Zwischen Tag 11 und 13 lassen sich Brunstsymptome beobachten. An Tag 12–14 kann die Besamung erfolgen. Eine hormonell ausgelöste Brunst ist damit besser planbar als eine natürlich ausgelöste. Es können auch nur ausgewählte Einzeltiere in Brunst gebracht werden. Allerdings ist zu bedenken, dass die Hormonbehandlung ein sehr starker Eingriff in die „Natürlichkeit" ist. In ökologisch wirtschaftenden Betrieben ist diese Methode der

Synchronisation nicht zugelassen. Zudem besteht eine Wartezeit von 36 Stunden nach Legen der Schwämmchen und von sieben Tagen nach der Hormongabe auf die Verwendung der Milch. Auch ist die Verwendung des Gelbkörperhormons PMSG inzwischen stark umstritten, da es unter teilweise tierschutzrelevanten Bedingungen aus dem Blutserum trächtiger Stuten gewonnen wird.

In Deutschland gibt es zurzeit keine Infrastruktur für die künstliche Besamung bei der Ziege. Damit ist gemeint, dass es keine kommerziellen Besamungsstationen für Ziegen gibt, in denen gezielt Sperma von hochwertigen Zuchtböcken gewonnen wird. Zudem gibt es keine etablierten Strukturen, wo Sperma gelagert werden kann (Spermadepots). Es fehlen Strukturen dafür, wie das Sperma zu den Betrieben kommt. Zudem gibt es kaum Fachkundige, die Besamungen durchführen können.

In den letzten Jahren wurden in Bayern und Baden-Württemberg Kurse für **Eigenbestandsbesamer** durchgeführt. Zudem gibt es regelmäßig Kurse an der HBLFA Raumberg-Gumpenstein in Österreich. Nur wer erfolgreich einen Kurs für Eigenbestandsbesamer absolviert hat, ist berechtigt, die Ziegen in seinem eigenen Bestand zu besamen. Bestandsübergreifend dürfen nur Fachtierärzte und Besamungstechniker besamen. Einige größere landwirtschaftliche Milchziegenbetriebe praktizieren schon seit Jahren erfolgreich die künstliche Besamung. Da Ziegensperma aus Deutschland kaum verfügbar ist, verwenden diese Betriebe in der Regel Sperma aus Frankreich oder den Niederlanden. Seit neuerem ist auch Ziegensperma aus Österreich, in geringerem Umfang auch aus Bayern und Baden-Württemberg verfügbar.

■ **Reiner Pütz** setzt die künstliche Besamung für Eliteanpaarungen bei seinen Herdbuchziegen ein. Dafür separiert er in jedem Jahr seine 20 besten Ziegen vom Rest der Herde und bringt diese mit einem sterilisierten Bock zusammen. Zeigen die Ziegen Brunstsymptome, so besamt er sie. Dafür hat er vor einigen Jahren in Österreich eine Ausbildung zum Eigenbestandsbesamer gemacht. Nach einigem Ausprobieren hat er festgestellt, dass 20 Ziegen die Anzahl an Tieren ist, wo er rechtzeitig die Brunstsymptome erkennen kann. Inzwischen erreicht er einen Besamungserfolg von 40 %. Kitze aus diesen Anpaarungen behält er für die eigene Nachzucht oder verkauft diese zu guten Preisen an andere Züchter. ■

5.3 Trächtigkeit und Geburt

Nach erfolgreicher Deckzeit dauert die Trächtigkeit der Ziegen 150 Tage (5 Monate) mit einer Schwankungsbreite von 10–12 Tagen. Ob eine Ziege trächtig ist, kann festgestellt werden durch

- Beobachtung,
- über eine Milchprobe oder
- eine Ultraschalluntersuchung.

Die einzelnen Methoden unterscheiden sich in Aufwand und Preis.

Die **Beobachtung** der eigenen Ziegen verlangt vor allem Zeit. Die Wahrscheinlichkeit einer Trächtigkeit ist gegeben, wenn der Bauchumfang und das Gewicht des Muttertieres zunehmen und die Milchleistung zurückgeht. Ein weiteres Indiz einer Trächtigkeit ist das Ausbleiben der Brunst während der Decksaison. Zu einem späteren Zeitpunkt können auch die Kitze ertastet und Kitzbewegungen beobachtet werden.

Der **Trächtigkeitstest** über die Milch **(PAG-Test)** kann entweder bei jeder Probemelkung der Milchleistungsprüfung, aber auch dazwischen durchgeführt werden. Zur Durchführung des Tests benötigt man nur eine Milchprobe. Der Test ist ab dem 28. Tag nach der Bedeckung bzw. Besamung möglich. Der PAG-Test, auch Idexx-Test genannt, reagiert auf Glycoproteine (PAGs = pregnancy associated glycoproteins), die ausschließlich in der Trächtigkeit von der Gebärmutter gebildet werden und u. a. in der Milch vorkommen. Nach der Ablammung bzw. nach einem Abort sind die PAGs aber noch ca. 60 Tage lang nachweisbar. Der PAG-Test kostet weniger als 8 € je Probe und ist bei richtiger Durchführung zu 98 % zuverlässig.

Eine **Ultraschalluntersuchung** ist ab der achten Trächtigkeitswoche möglich. Eine hohe Treffergenauigkeit liefern vor allem bildgebende Ultraschallgeräte. Geübte Anwender können damit auch die Anzahl der Kitze bestimmen. Die Anschaffung eines Ultraschallgerätes ist für den einzelnen Betrieb zu teuer. Einige wenige Fachtierärzte und teilweise die Schaf(herden)gesundheitsdienste bieten diesen Service an.

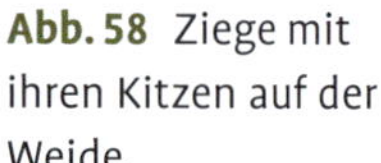

Abb. 58 Ziege mit ihren Kitzen auf der Weide.

Bevor die Kitze geboren werden, benötigt die Ziege Zeit zur Regeneration und zur Umstellung des eigenen Körpers und des Milchdrüsengewebes auf die neue Laktationsperiode. Daher sollten Ziegen 6–8 Wochen vor dem errechneten Geburtstermin trockengestellt, das heißt nicht mehr gemolken werden. Bei Fleisch-, Woll- oder Robustziegen sollten spätestens jetzt die Kitze des Vorjahres abgesetzt, das heißt von der Mutter getrennt werden.

Die bevorstehende **Geburt** kann anhand verschiedener Veränderungen an der Ziege festgestellt werden: Das Euter ist stark angeschwollen, die Schamlippen vergrößern sich und sind gerötet, die Beckenbänder fallen ein, aus der Scheide tritt Schleim aus, die Ziegen sind unruhig, legen sich oft hin, scharren und meckern und sie sondern sich von der Herde ab. Ziel sollte sein, dass keine Geburtshilfe notwendig ist. Ist diese doch einmal erforderlich, so muss sie behutsam, immer im Einklang mit den Wehen erfolgen. Es muss auf saubere Hände geachtet werden, die mit einem Gleitmittel schlüpfrig gemacht werden. Handelt es sich um eine Problemgeburt, sollte der Tierarzt zur Hilfe geholt werden.

Vorbereitung der Geburt

- Ablammbuchten oder -abteile herrichten
- Wärmelampe(n) überprüfen, Reservebirne(n) vorhalten
- Hilfsmittel bereitstellen (Gleitmittel, z. B. Salatöl, Einmalhandschuhe, Desinfektionsmittel)
- Falls nötig: Selenpräparat besorgen (regional unterschiedlich)
- Telefonnummer Tierarzt bereitlegen oder im Smartphone einspeichern
- Kolostrumersatz und Trinkfläschchen bereithalten
- Evtl. Milchausstauscher besorgen
- Ablammliste sowie Ohrmarken und Ohrmarkenzange für Aufzeichnung und Kennzeichnung vorbereiten (zur eindeutigen Zuordnung von Mutter und Kitzen direkt nach der Geburt)

Ziegen können **Ein- oder Mehrlinge** gebären. Nach der Geburt kümmert sich die Ziege um die Zicklein und leckt sie ab (→ Mütterlichkeit). Bald nach der Geburt unternehmen die Zicklein die ersten Stehversuche und suchen nach dem Euter der Mutter (→ Vitalität der Kitze). Die Zicklein sollten möglichst früh **Muttermilch (Kolostrum)** aufnehmen. Diese enthält insbesondere in den ersten 4–6 Stunden nach der Geburt viele wichtige Vitamine und Immunstoffe, die das Zicklein gerade in den ersten Lebenstagen braucht. Bei Mehrlingen muss darauf geachtet werden, dass alle Zicklein von der Mutter angenommen werden. Manchmal müssen andere Ziegen aus der Herde davon abgehalten werden, neugeborene Zicklein zu „adoptieren“. Dieses Verhalten von Ziegen kann man sich jedoch zu eigen machen, wenn ein Zicklein einmal seine Mutter verliert oder von dieser nicht angenommen wird. Dann können andere Ziegen als Amme herangezogen werden.

Insbesondere in einem Zuchtbetrieb, wo es wichtig ist, die korrekte Abstammung jeden Tieres zu kennen, sollten die Kitze möglichst bald nach der Geburt eindeutig gekennzeichnet werden. Dies ist zum Beispiel mit besonders kleinen, farbigen und durchnummerierten **Ohrmarken** möglich. Auf einer Liste wird notiert, welche Ziege (Ohrmarkennummer) welche Kitze geboren hat (Ohrmarkennummer, Geschlecht). Zudem sollte der Geburtsverlauf notiert werden (ohne Hilfe, leichte Hilfe, schwere Hilfe, Kaiserschnitt/Operation). Für die Fruchtbarkeitsleistung ist es auch wichtig zu erfassen, ob es Totgeburten gegeben hat. Zu diesem Zeitpunkt könnte auch noch das **Geburtsgewicht** erfasst werden.

Spannweiten für Geburtsgewichte bei Ziegenkitzen sind:

Einlinge	3,8–5,0 kg
Zwillinge	3,4–4,5 kg
Drillinge	2,4–4,0 kg
Vierlinge	1,8–3,3 kg

Auch innerhalb eines Wurfes können erhebliche Gewichtsspannen auftreten. Kitze mit geringem Geburtsgewicht sind oftmals weniger vital als ihre Wurfgeschwister.

■ Die Burenziegen von **Erika Schmitt** bringen häufig Drillinge, manchmal auch Vierlinge zur Welt. Es kann vorkommen, dass eine Ziege nach der Geburt nicht ausreichend Kolostrum für alle Zicklein hat oder dass nicht alle Zicklein am Euter der Mutter trinken können. Daher friert Erika Schmitt von Ziegen, die relativ viel Kolostrum haben, kleine Kolostrummengen ein. Diese können dann schnell wieder aufgetaut und an Zicklein verfüttert werden, die von ihren Müttern nicht ausreichend mit Kolostrum versorgt werden oder die ihre Mutter verloren haben. Für solche Fälle steht immer eine Babytrinkflasche bereit. Zur weiteren Aufzucht von „Flaschenkitzen" benötigt sie dann Milchaustauscher. Da dieser nur in großen Mengen angeboten wird, die sie bei ihren wenigen Kitzen gar nicht aufbrauchen kann, und aufgrund der höheren Arbeitsbelastung durch das häufige Tränken der Kitze versucht sie allerdings immer, Flaschenkitze zu vermeiden. Ihr ist es lieber, wenn sie eine andere Ziege als Amme für die mutterlosen Kitze gewinnen kann. ■

Im landwirtschaftlichen Milchziegenbetrieb werden die Ziegenkitze oftmals direkt nach der Kolostrumaufnahme von ihren Müttern getrennt. Zum Tränken werden entweder Kuhmilch oder **Milchaustauscher** für die Aufzucht verwendet. In der Regel gibt es keine speziellen Produkte für Ziegenkitze sondern man muss auf Schafmilchpulver ausweichen. Es sind die Herstellerhinweise zu beachten. Am einfachsten geht das Tränken der Kitze, wenn diese aus einer Schüssel oder später

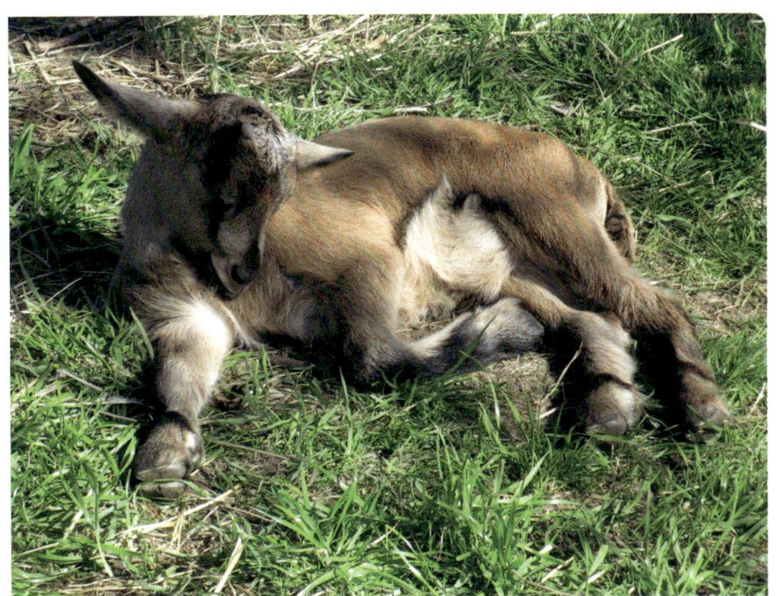

Abb. 59 Wichtig ist ein guter Start ins Ziegenleben.

aus einem Eimer oder einer Rinne getränkt werden. Zum Gewöhnen der Kitze an das Tränken taucht man den Finger die Milch und lässt das Kitz am Finger lecken. Dann wird der Finger langsam in die Schüssel geführt. Am Anfang wird das Kitz immer wieder zurückschrecken. Wird der Vorgang geduldig wiederholt, lernt das Kitz schnell, dass in der Schüssel viel mehr Milch ist als am Finger. Allerdings entspricht dieses Trinken nicht dem natürlichen Trinkverhalten von Kitzen. Dem entsprechen eher Eimer oder Automaten mit Saugern, die sich über den Köpfen der Kitze befinden.

In der Trächtigkeit, bei der Geburt und bei der Aufzucht der Kitze werden die Weichen gestellt, damit sich die Tiere optimal entwickeln können. Daher sollten Sie ihren Kitzen einen guten Start ermöglichen, damit diese ihr Potenzial verwirklichen können!

6 Schritt für Schritt zu mehr Zuchtfortschritt im eigenen Bestand

Die Wahl der Rasse wurde zu Beginn dieses Buches schon behandelt. Doch nun geht es darum, wie Sie unter Ihren Ziegen diejenigen finden, mit denen Sie ihren Zuchtzielen näher kommen. Die folgenden Anregungen gelten gleichermaßen, wenn Sie sich entschlossen haben, Herdbuchzüchter zu sein und am Zuchtprogramm teilzunehmen, oder wenn Sie einfach in Ihrem eigenen Bestand Zuchtfortschritt erzielen wollen.

6.1 Auswahl der Zuchttiere

Schon zu Beginn der Ziegenhaltung bzw. -züchtung sollte genau überlegt werden, woher die ersten Ziegen des Bestandes zugekauft werden. Wenn keine Erfahrung mit der Ziegenhaltung besteht, sollten Sie zudem genau überlegen, mit wie vielen Tieren Sie starten wollen. Dies gilt auch für Landwirte, die auf Ziegenhaltung umsteigen wollen. Fangen Sie lieber mit einer kleineren Herde an, sammeln Sie Erfahrungen mit Ziegen – dann ist immer noch Zeit und Gelegenheit, den Bestand zu vergrößern.

Wichtig ist, dass die zugekauften Ziegen aus möglichst einem oder sehr wenigen Beständen kommen. Jede Herde hat ihre eigene „Hygiene-Umgebung". Wenn nun Tiere aus verschiedenen Herden in einer neuen Stallumwelt zusammenkommen, so sind die Ziegen empfindlich gegenüber Keimen der jeweils anderen Herden. So kann es leicht zu verschiedenen **Erkrankungen** der Ziegen kommen. Das ist jedoch ein schlechter Start für die eigene Ziegenhaltung, der möglichst vermieden werden sollte.

Gleiche Haltungsumwelt für Kitze

Der Ziegenzuchtverband Baden-Württemberg verfügt über eine eigene Ziegenweide (Abb. 60). Dadurch besteht für Ziegenzüchter mit kleinen Herden die Möglichkeit, ihre weiblichen Ziegenkitze dort den Sommer über aufzutreiben. Potenzielle Käufer haben so die Möglichkeit, Ziegen aus verschiedenen interessanten Zuchtbeständen zu kaufen und trotzdem kein gesundheitliches Risiko einzugehen, da die Tiere aus der gleichen Haltungsumwelt kommen. Leider wird dieses Angebot in den letzten Jahren von den Beschickern nicht mehr gut angenommen. Dabei könnte dieses Angebot eigentlich Anstoß für andere Ziegenzuchtverbände sein, eine Vermarktungsplattform für weibliche Jungtiere aus den (kleinen) Zuchtbetrieben anzubieten.

Abb. 60 Jungziegen auf der Ziegenweide des Ziegenzuchtverbands Baden-Württemberg.

Neben der Herkunft der weiblichen Ziegen ist auch die Auswahl des Bockes wichtig. Selbst wenn Sie keine Herdbuchzucht betreiben, sollten Sie bei der Wahl des Bockes auf ein Herdbuchtier setzen. Nur hier haben Sie eine gewisse Garantie für Leistungsbereitschaft, da nur hier Informationen zur Leistung des Tieres bzw. seiner Vorfahren vorliegen. Im besten Fall gibt es sogar Zuchtwerte. **Bockmärkte**, wie sie derzeit noch in Bayern und Baden-Württemberg sowie in Österreich und der Schweiz angeboten werden, sind eine gute Möglichkeit, Böcke aus verschiedenen Beständen miteinander zu vergleichen und den für sich passenden herauszusuchen. Kauft man einen **Bock ab Stall**, so kann man höchstens die Tiere innerhalb dieses Bestandes vergleichen. Für einen sehr guten Herdbuchbock sollten Sie bereit sein, 500–1000 € oder auch mehr auszugeben. Erscheint dieser Preis auch hoch, so sollten Sie bedenken, wie viele Nachkommen dieser Bock in Ihrer Herde erzeugt. Wenn er wirklich die gewünschten Eigenschaften an seine Nachkommen weitergibt, so macht er sich auf jeden Fall bezahlt. Decken Sie mit Natursprung, so ist es im Sinne einer gezielten Anpaarung wünschenswert, mehrere Böcke einzusetzen. Dann können Sie über Deckgruppen die passenden Böcke und Ziegen zusammenbringen. Aufgrund der Anforderungen an eine Bockhaltung bzw. aufgrund sehr kleiner Bestandsgrößen ist dieser Wunsch leider nicht immer umzusetzen. Wenn Sie mit künstlicher Besamung decken, können Sie gezielt für jede Ziegen den geeigneten Deckbock heraussuchen. Allerdings ist zu beachten, dass die Zuchtwerte anderer Populationen, wie z. B. französischer Alpiner Ziege oder österreichischer Saanenziege, nicht direkt mit den Zuchtwerten für Bunte und Weiße Deutsche Edelziege in Deutschland vergleichbar sind (s. Kapitel Zuchtwertschätzung).

Der richtige Bock für meine Ziegen

Allgemeine Kriterien für alle Böcke:
- aus Herdbuchzucht
- gute bis sehr gute Exterieurbewertung (min. 7 / 7 / 7)
- frei von Mängeln

Bei Milchziegenrassen:
- Milchwert ≥ 120 Punkte, möglichst hohe Sicherheit (falls vorhanden)
- gute Zuchtwerte für Milchinhaltsstoffe (falls vorhanden)
- stimmiges Linearprofil, insbesondere für Eutermerkmale (falls vorhanden)
- Leistungen von Mutter, mütterlicher und väterlicher Großmutter (Milchmenge und Inhaltsstoffe)
- Anzahl Laktationen von Mutter, mütterlicher und väterlicher Großmutter als Hinweis auf die Nutzungsdauer
- Fruchtbarkeit von Mutter, mütterlicher und väterlicher Großmutter
- evtl. Linie

Bei Fleischziegenrassen:
- tägliche Zunahmen Tier, Eltern, Großeltern
- Bemuskelung Tier
- Bemuskelungsnoten Eltern, Großeltern
- Fruchtbarkeit von Mutter, mütterlicher und väterlicher Großmutter (erwünscht: hohe Fruchtbarkeit)
- evtl. Linie
- evtl. Blutanteil (bei Burenziegen)

Bei Wollziegenrassen:
- Faserlänge, -dicke, -krümmung
- Fruchtbarkeit von Mutter, mütterlicher und väterlicher Großmutter (erwünscht: Einlinge)
- evtl. Linie

Idealerweise überlegen Sie sich schon bei der Anpaarung von Bock und Ziege, von welchen Ziegen Sie weibliche Nachzucht behalten wollen. Überlegen Sie auch, ob Sie einen Bock für den eigenen Bestand oder zum Verkauf nachzüchten wollen. Aus welcher Anpaarung sollte dieser stammen? Welche Ihrer Ziegen erfüllt die Vorgaben des Ziegenzuchtverbands für Bockmütter? Wenn die Ziegen dann ablammen, können Sie direkt die Tiere kennzeichnen, die grundsätzlich für die Auswahl als Zuchttier infrage kommen. Zum Beispiel kennzeichnen sie alle diese Tiere mit einer bestimmten Ohrmarkenfarbe bzw. je einer Farbe für die weiblichen und die männlichen Tiere.

In der Milchziegenhaltung ist der erste **Selektionszeitpunkt**, wenn die nicht im Bestand verbleibenden Kitze geschlachtet werden. Das kann schon nach 12 Wochen oder sogar früher der Falls sein. Bei anderen Ziegenrassen kann die Selektion der potenziellen Nachzucht auch noch zu einem späteren Zeitpunkt erfolgen, z. B. dann, wenn die Kitze von ihren Müttern abgesetzt werden. Der nächste Selektionszeitpunkt steht dann zur ersten Bedeckung an. Das ist entweder ab einem Alter von sechs Monaten bzw. einem Gewicht von 35 kg bei intensiver Aufzuchtphase oder ab einem Alter von 1,5 Jahren. Haben die Ziegen dann abgelammt, entscheidet ihre Leistung im ersten Jahr, ob sie weiter im Betrieb verbleiben und zur Weiterzucht genutzt werden.

Wie kann ich als Ziegenhalter ermitteln, wie viele Tiere ich zur Nachzucht benötige? Hier hilft die sogenannte Remontierungsrate. Dafür müssen Sie festlegen, wie viele Ziegen Sie halten wollen. Und Sie müssen die durchschnittliche Anzahl an weiblichen Nachkommen pro Jahr berechnen.

$$\text{Remontierungsrate (\%)} = \frac{(\varnothing \text{ Anzahl weiblicher Kitze pro Jahr} \times 100)}{(\varnothing \text{ Anzahl Ziegen})}$$

■ **Leon Weber** hält 10 Ziegen. Pro Jahr kommen durchschnittlich 12 Kitze auf die Welt, davon sind 6 weiblich. So ergibt sich eine Remontierungsrate von 60 %. Das sind 3–4 Kitze, die er pro Jahr für die eigene Nachzucht behalten sollte. Meistens behält er sogar alle weiblichen Kitze. Jungziegen, die er dann nicht zur Ergänzung seines eigenen Bestands benötigt, verkauft er vor der Decksaison oder als gedeckte Ziegen. ■

Auswahl der Nachzucht

Als Kitz und als Jungziege zur Bedeckung:
- frohwüchsig (bei Fleischziegen belegt durch tägliche Zunahmen) bzw. dem Alter entsprechend gut entwickelt
- keine zum jetzigen Zeitpunkt erkennbaren Mängel wie Beistriche, Gebissfehler, deutliche O- oder X-Beine, weiche Fesselung
- Mutterleistung
- Charakter der Mutter

Nach der ersten Ablammung:
- Eigenleistung
- Geburtsverlauf, evtl. Mütterlichkeit
- Verhalten in der Herde
- Milchziegen: Verhalten beim Melken
- Gute Bewertung bei der Herdbuchaufnahme (Ziel: mindestens 7 / 7 / 7)
- keine erkennbaren Mängel wie Beistriche, Gebissfehler, deutliche O- oder X-Beine, weiche Fesselung

Abb. 61 Noch ist nicht abzusehen, wie sich diese beiden einmal entwickeln.

Verbleibt eine Ziege im ersten Jahr nach der Ablammung im Bestand, so stehen ihre Chancen gut, hier alt zu werden. Allerdings kommen jedes Jahr neue, junge Ziegen nach (Abb. 61). In diesen nächsten Generationen sollte weiterer Zuchtfortschritt erzielt werden. Somit ist die Frage, wann eine ältere Ziege vom Zuchtfortschritt der nächsten Generationen „eingeholt" wird und den Bestand verlassen sollte. Um hier eine angemessene Entscheidung treffen zu können, ist zu berücksichtigen, dass eine Ziege sich im Laufe ihres Lebens amortisieren sollte. Damit ist gemeint, dass sie durch ihre Leistungen die teure, unproduktive Aufzuchtphase wieder wettmacht. Dieses Merkmal nennt man auch **Lebenseffektivität**. Es ist zu beachten, dass bei vielen Leistungsmerkmalen die Leistungen mit den ersten Lebensjahren ansteigen, dann ein Plateau erreichen, sich für ein oder mehrere Jahre auf diesem Plateau halten und schließlich wieder abfallen. Bei Milchziegen steigt die Milchleistung bis zur vierten Laktation an. Wurde also eine Ziege in der ersten Laktation aufgrund ihrer guten Milchleistung behalten, dann gibt es zunächst keinen Grund, diese Ziege nicht mindestens für vier bis fünf Laktationen zu melken. Denn die Milchleistung wird sich steigern, die Ziege erwirtschaftet sich eine positive Lebenseffektivität, die zu einem positiven Betriebseinkommen beiträgt (Abb. 62). Für jede Ziege, die länger gehalten werden kann und ihr Leistungspotenzial verwirklicht, müssen weniger Jungtiere nachgezogen werden und teure Aufzuchtkosten werden gespart. Allerdings gibt es noch weitere Merkmale, die die Verbleibedauer einer Ziege verkürzen oder verlängern.

Abb. 62 Vitale ältere Ziegen auf der Weide.

Gerade bei Ziegen ist das **Verhalten** ein sehr wichtiges Selektionskriterium. Hierbei geht es vor allem um das Verhalten innerhalb der Herde. Es gibt Ziegen, die sich aus menschlicher Sicht gezielt bösartig gegenüber ihren Artgenossinnen verhalten und diese auch verletzten. Eine solche Bösartigkeit kann ein Selektionsgrund sein. Zumindest sollte mit einer solchen Ziege nicht mehr weiter gezüchtet werden, da auch Verhaltens- und Charaktermerkmale erblich sind. Um hier gezielt selektieren zu können, sollten regelmäßig tierbezogene Aufzeichnungen über auffällige Verhaltensweisen gemacht werden (vgl. Tab. 7). In der Landschaftspflege kann ein weiteres Charaktermerkmal sein, welche Ziegen die Vertrautheit zum Menschen trotz weniger Kontakte behalten und welche Tiere extrem scheu werden. Sind die Tiere zu scheu, ist es schwierig bis unmöglich, sie auf eine andere Weide umzutreiben oder sie wieder einzufangen, wenn sie einmal ausgebrochen sind.

Bei Milchziegen in landwirtschaftlichen Betrieben rückt in den letzten Jahren mit der **Dauermelkeigenschaft** ein neues Merkmal in den Blickwinkel. Hier geht es darum, dass die Ziege über mehrere Jahre hinweg dauerhaft ohne jährliche Trächtigkeit Milch gibt, ohne groß in der Milchleistung zurückzugehen. Dafür sind nicht alle Ziegen geeignet. Es muss gezielt beobachtet werden, welche Ziegen eine hohe dauerhafte **Persistenz** aufweisen. Bisher wurden Milchziegen auf Leistung innerhalb einer Laktation (240–300 Tage) gezüchtet. Das bedeutet, die Ziegen sollen mit einer möglichst hohen Leistung einsetzen und diese zunächst halten (ca. 200 Tage). Gegen Ende der Laktation sollte die Milchleistung dann zurückgehen, damit die hochträchtige Ziege einfach trockengestellt werden kann. Sollen die Ziegen dauergemolken werden, so sind die Ziegen zu identifizieren, die nach 200 Tagen nicht langsam weniger Milch geben, sondern die weiterhin ein Leistungsplateau halten (Abb. 63). Hat man diese Ziegen identifiziert, so sollten die besten von ihnen regelmäßig zur Zucht genutzt werden, um den Anteil der zum Dauermelken geeigneten Ziegen im Bestand zu erhöhen. Damit befindet sich ein durchmelkender Ziegenhalter in einem ständigen Konflikt. Er möchte die am besten für das Dauermelken geeigneten Ziegen nicht decken, sondern mehrere Jahre ohne Trächtigkeit melken. Wenn er jedoch mit den nicht fürs Dauermelken geeigneten Ziegen weiterzüchtet, so wird sich in den nachfolgenden Generationen kein Zuchtfortschritt in Bezug auf Dauermelkeigenschaften einstellen. Somit müssen gerade die Ziegen regelmäßig gedeckt werden, die sich am besten für das Dauermelken eignen, um im Gesamtbestand Zuchtfortschritt für dieses Merkmal zu erzielen.

■ **Reiner Pütz** ist in dem von ihm betreuten Bestand auch zum Dauermelken übergegangen. Er selektiert gezielt Ziegen mit einer hohen Persistenz in der ersten Laktation für das Dauermelken. Allerdings behält er immer die Töchter der aus seiner Sicht besten Mütter für die Anpaarung, melkt diese also nicht dauerhaft. Die aus seiner Sicht besten Mütter sind dabei Ziegen mit einer hohen Milch- und Inhaltsstoff-Leistung bei guter Persistenz. Die Persistenz berechnet er dabei selber, da das Merkmal zurzeit noch nicht bei der Milchleistungsprüfung ausgewiesen wird. Zudem sollten die Mütter auch schon eine Dauermelkleistung erbracht und ihr Durchhaltevermögen unter Beweis gestellt haben. Von seinen 300 Herdbuchziegen sind das zusätzlich zu den in künstlicher Besamung angepaarten Ziegen noch einmal 50 Tiere. In dem Nicht-Herdbuchbestand paart er ebenfalls 1/3 der nach Persistenz und Dauermelkeignung besten Ziegen an. Es ärgert ihn bei jeder Anpaarung, dass derzeit für Ziegenböcke keine Informationen zur Persistenz oder zur Dauermelkeignung ausgewiesen werden. ■

Weitere Gründe, warum Ziegen aus dem Bestand ausselektiert werden, können mit dem **Exterieur** zusammenhängen. Ein wichtiges Merkmal können hier die Klauen sein. Tiere, die ein erhöhtes Klauenwachstum oder Klauendeformationen aufweisen, sollten nicht zur Weiterzucht genutzt und möglichst gegen andere Ziegen ausgetauscht werden. Ein weiterer Selektionsgrund kann eine unschöne Euterform, wie z. B. ein Flaschen- oder Hängeeuter sein. Gerade auch in der Landschaftspflege sollten die Euter der Tiere nicht zu tief hängen und fest aufgehängt sein, ansonsten besteht das Risiko von Verletzungen.

Abb. 63 Die Milchleistungsprüfung ermöglicht einen genauen Überblick über die Leistungen einzelner Ziegen.

Wer geht?

- Ziegen mit zu niedriger Leistung
- Ziegen, die häufig krank sind
- Ziegen mit schlechten Charaktereigenschaften, schwierigem Verhalten in der Herde
- Ziegen mit Exterieurmängeln
- unfruchtbare Ziegen oder Ziegen mit schlechter Fruchtbarkeit
- Ziegen mit wiederholt schwierigen Geburten
- zu alte Ziegen

Wer bleibt?

- „die Unauffälligen“
- Ziegen mit guter Leistung
- Ziegen, die noch in der Entwicklung sind
- Ziegen mit positiven Charaktereigenschaften bzw. Ziegen, die sich gut in die Herde einfügen
- Ziegen mit ansprechendem Exterieur
- Ziegen mit guter Fruchtbarkeit
- Ziegen mit einfachen Geburten

6.2 Schau der Besten – Teilnahme an einer Ziegenschau

Als Herdbuchzüchter und Mitglied in einem regionalen Ziegenzuchtverein können Sie auch an Ziegenschauen teilnehmen (Abb. 64). Diese finden auf regionaler, manchmal auch auf Landesebene statt. Bundesschauen sind in Deutschland bei Ziegen sehr selten.

Eine **Zuchtschau** ist eine gute Möglichkeit, das eigene züchterische Können zu präsentieren. Zudem können sich die eigenen Tiere mit denen anderer Züchter messen. Der Austausch mit den anderen Züchtern ist zudem immer wertvoll und bringt neue Anregungen für den eigenen Betrieb. Auch kann es sein, dass man auf einer Zuchtschau eine interessante Ziege sieht, aus der man gerne einen Bock für den eigenen Bestand nutzen möchte. Oder man sieht einen Bock, den man gerne im eigenen Bestand einsetzen möchte. Außerdem sind Ziegenschauen eine gute Möglichkeit, die Öffentlichkeit auf die Rassenvielfalt der Ziegen und die Ziegenzucht aufmerksam zu machen. Die Schausaison beginnt in der Regel im Mai jeden Jahres. Die Termine erfahren Sie von Ihrem Ziegenzuchtverband bzw. -verein oder deren Homepages. Informieren Sie sich dort, welche Voraussetzungen die Ziegen erfüllen müssen, um an einer Schau teilnehmen zu können (insbesondere wel-

Abb. 64 Reihung von Bunten Deutschen Edelziegen bei einer Ziegenschau.

che Gesundheitszeugnisse sie brauchen) und welche Gebühren auf Sie zukommen. Um an einer Ziegenschau teilnehmen zu können, müssen Sie Ihre Ziegen in der Regel transportieren. Hierfür benötigen Sie einen Tiertransport-Befähigungsnachweis und eine sachgerechte Transportmöglichkeit. Oder Sie müssen eine geeignete Person bitten, Sie und Ihre Ziegen zur Schau zu fahren. Denken Sie auch an die notwendigen Begleitpapiere nach Viehverkehrsverordnung.

Zur erfolgreichen Teilnahme an einer Ziegenschau sollte ein vorheriges **Training der Ausstellungstiere** gehören. Selbstverständlich sollte sein, dass nur gesunde Tiere ohne Mängel für eine Schau angemeldet werden. Für Ihre Ziegen sollten Sie entsprechende Hals- und Führbänder kaufen. In England oder den USA werden Ziegen oftmals an Ketten oder speziellen Halsriemen vorgeführt, die hinter der Ganasche am Kehlgang gehalten werden. Damit hat der Vorführer das Tier perfekt unter Kontrolle und es richtet sich automatisch auf.

Bei der Schau ist es wichtig, dass die Richter einen positiven Eindruck von Ihren Tieren bekommen. Daher sollten Sie schon Wochen vorher mit einem Führtraining beginnen. Ein Richtwert sind 15 Minuten Üben am Tag. Nur dann ist es wahrscheinlich, dass die Ziegen auch zügig mit Ihnen im Ring laufen und auf Kommando stehen bleiben. Die Ziegen sollten aus eigenem Antrieb laufen, Schläge sind unbedingt zu unterlassen. Und das „durch den Ring ziehen" schafft direkt einen schlechten Eindruck bei den Richtern.

Spätestens eine Woche vor der Schau sollten Sie den Ziegen die Klauen schneiden. Am Tag vor der Schau sollten die Ziegen sorgfältig gebürstet, eventuell auch gewaschen werden. Üben Sie mit Ihren Ziegen auch das Ins-Maul-Gucken. Dann sind die Ziegen daran gewöhnt, dass ihr Maul angefasst und die Zähne betrachtet werden. Auch das Stehenbleiben will geübt sein. Achten Sie am besten darauf, dass Sie Ihre Ziegen im Stehen den Richtern immer bergauf, nie bergab präsentieren. So wirken die Tiere größer und stattlicher (Abb. 65). Schauen Sie, dass die Vorder- und Hinterbeine jeweils parallel stehen. Die Hinterbeine sollten breit aufgestellt werden, damit das Euter gut sichtbar ist.

Milchziegen werden mit vollem Euter vorgestellt. Allerdings sollten Sie vor der Schau so viel Milch abmelken, dass das Euter immer noch gut aussieht, aber nicht zu voll ist. Präsentieren Sie das Tier von der Seite, so sollte die Ziege immer zwischen Ihnen und den Richtern stehen („Sandwichposition"). Werden mehrere Ziegen auf einmal im Ring präsentiert, achten Sie auf ausreichend Abstand zu der Ziege vor Ihnen. Für die Tiere sollte keine Möglichkeit der Interaktion bestehen. Wenn Ihre Ziegen das Laufen alleine und das Laufen mit anderen Tieren im Ring beherrschen, dann steht einer erfolgreichen Teilnahme an einer Ziegenschau nichts mehr im Weg.

Abb. 65 Bündner Strahlenziegen bei einer Ziegenschau.

Besuch einer Ziegenschau

- Ziegen rechtzeitig zur Schau anmelden
- Gesundheitszertifikate vom Ziegenzuchtverband bzw. vom Veterinäramt besorgen (CAE, Pseudo-TB, Scrapie)
- Beginn Führtraining mindestens einen Monat vor der Schau, 15 Minuten täglich
- Halsbänder und Führstricke überprüfen, eventuell neue kaufen
- spätestens eine Woche vor der Schau die Klauen schneiden
- Transportmöglichkeit organisieren
- am Vortag Ziegen gründlich bürsten, eventuell waschen
- Begleitpapier ausfüllen
- Putzzeug, Futter und Wasser mitnehmen
- Auf dem Schaugelände sollten die Ziegen immer unter Beobachtung sein, auch wenn sie sicher untergebracht sind
- Vorführer für die Ziegen organisieren

Bei einer Ziegenschau werden die Tiere zunächst nach Geschlechtern in **Klassen** eingeteilt. Innerhalb eines Geschlechts werden dann **Altersklassen** gebildet. Oftmals werden in den jüngeren Altersklassen so viele Tiere aufgetrieben, dass mehrere Gruppen innerhalb einer Altersklasse gebildet werden müssen. In der Regel werden die Tiere einer Gruppe dann zunächst einzeln den Richtern vorgeführt (Abb. 66). Sobald diese ein Bild von jeder einzelnen Ziege bzw. jedem Bock haben, wird die ganze Gruppe in den Ring gerufen und gereiht. Eventuell

Abb. 66 Nera-Verzasca-Ziege im Ring.

werden hier durch die Richter nochmals Korrekturen in der Reihung vorgenommen. Innerhalb ihrer Gruppe werden die Tiere alphabetisch rangiert. Das bedeutet, die beste Ziege bzw. der beste Bock erhält den 1a-Preis, die/der zweitbeste den 1b-Preis und so weiter. Letztlich werden die Sieger der jeweiligen Altersklassen gekürt. Bei den meisten Schauen gibt es auch noch einen Gesamtsieger und/oder eine Gesamtsiegerin der Schau.

7 Ausblick – Wie könnten sich unsere Ziegenzuchtprogramme weiterentwickeln?

In Deutschland ist die Infrastruktur der Ziegenzüchtung noch längst nicht so entwickelt wie bei den anderen Nutztierarten Rind, Schwein oder Geflügel. Die Zuchtprogramme werden von regional agierenden Zuchtverbänden durchgeführt, die Vernetzung zwischen den Zuchtgebieten ist gering. Auch innerhalb der Bundesländer, die fast immer identisch sind mit dem Tätigkeitsbereich eines Ziegenzuchtverbandes, ist die Vernetzung zwischen Herden gering. Das kommt vor allem durch den vorherrschenden Natursprung und dadurch, dass Ziegenböcke oftmals nur in einem Betrieb Nachkommen haben. Weibliche Tiere wechseln nur selten zwischen Betrieben. Die gering ausgeprägte Infrastruktur kann man als negativ empfinden, man kann sie aber auch als Chance sehen, zukunftsweisende Züchtungsstrukturen aufzubauen. Dazu im Folgenden ein paar Ideen – ohne Anspruch auf Vollständigkeit!

7.1 Neue Merkmale

Entsprechend der Definition von Tierzüchtung sind die Zuchtprogramme zunächst auf **Leistungsmerkmale** ausgelegt. Mit modernen züchterischen, aber auch technischen Methoden rücken jedoch auch andere Merkmale in den Fokus.

Zusätzlich zur Milchleistung ist die **Persistenz** ein wichtiges Merkmal. Die Persistenz beschreibt das Durchhaltevermögen einer Ziege in der Laktation. Dies ist gegeben durch eine flache Milchleistungskurve. Das bedeutet nicht, dass die Ziege eine niedrige Leistung hat. Eine flache Laktationskurve wird durch eine relativ gleichmäßige Milchmenge im Laktationsverlauf erreicht (vgl. Abb. 10). Bei einer flachen Laktationskurve ist es einfacher, die Ziege während der gesamten Laktation leistungsgerecht zu füttern. Es besteht eine geringe Gefahr für Stoffwechselerkrankungen. Zur Berechnung der Persistenz wird die Laktation in verschiedene Abschnitte eingeteilt. Die Persistenz ist der Quotient der Milchleistung aus dem folgenden Laktationsabschnitt und der Milchleistung im vorherigen Laktationsabschnitt multipliziert mit 100. Ein Beispiel: Teilt man die 240-Tage-Standardlaktation der Ziegen in Abschnitt 1 von Tag 1–120 und in Abschnitt 2 von Tag 121–240, so lautet die Formel:

$$\text{Persistenz} = \frac{\text{Milchmenge (kg) Abschnitt 2}}{\text{Milchmenge (kg) Abschnitt 1}} \times 100$$

Damit liegen die Werte für die Persistenz immer zwischen 0 und 100. Je niedriger der Wert ist, umso höher ist die Persistenz. Die Erblichkeit für Persistenz bei der Ziege liegt bei 0,10–0,17.

Das **Dauermelken** wird seit einigen Jahren zunehmend in größeren Milchziegenbetrieben praktiziert. Hierbei wird die Laktation einer Ziege auf mehrere Jahre ausgedehnt, ohne eine dazwischenliegende Trächtigkeit. Dadurch kann das Dauermelken klar abgegrenzt werden vom Durchmelken, bei dem die Ziege zwar trächtig ist, aber nicht trockengestellt wird. Vorteile des Dauermelkens sind die ganzjährige Verfügbarkeit der Milch (→ Durchbrechen der Saisonalität) und der ökonomische Anreiz durch höhere Milchpreise im Winterhalbjahr. Zudem werden weniger Kitze geboren. Das ist vor allem für Betriebe mit mehr als 100 Ziegen ein wichtiger Faktor. In den Betrieben bedeutet die Lammzeit eine Überstrapazierung an Stallplatz und an Arbeitskraft. Zudem gibt es für die vielen Kitze noch keinen Markt. Andererseits werden beim Dauermelken auch weniger Kitze von leistungsstarken Ziegen geboren. Welche Auswirkungen das Dauermelken auf den Organismus der Ziege hat, ist bisher nicht untersucht. Beim Dauermelken kommt es auf eine hohe Persistenz der Laktationsleistung an (Abb. 67). Untersuchungen haben ergeben, dass die Leistungen in verschiedenen Abschnitten einer Dauermelklaktation von bis zu zwei Jahren erblich sind. Die Heritabilitäten der verschiedenen Abschnitte liegen für die Milchmenge bei 0,15–0,31, für den Fettgehalt bei 0,21–0,34, für den Eiweißgehalt bei 0,26–0,50 und für die Persistenz der Milchmenge bei 0,10–0,17. Somit wäre es möglich, gezielt auf Dauermelkleistung zu

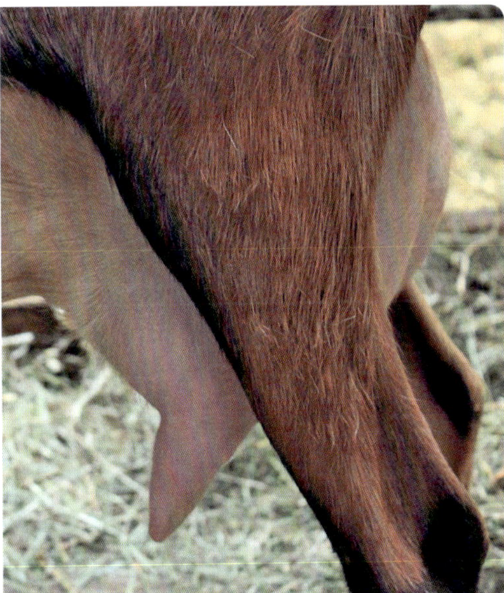

Abb. 67 Ein solches Ziegeneuter verspricht eine gute Leistungsbereitschaft.

züchten. Allerdings müssten dafür gezielt die am besten für das Dauermelken geeigneten Ziegen für die Zucht verwendet und nicht weiter dauergemolken werden. Zudem müssten für Ziegenböcke dann die Dauermelkleistungseigenschaften ausgewiesen werden, um gezielt anpaaren zu können.

In der Rinderzüchtung gewinnen zunehmend Merkmale an Bedeutung, die mittels **Mittel-Infrarot-Spektroskopie (MIR)** in der Milch gemessen werden. Auch für die Ziegenzüchtung sind diese Merkmale sehr interessant. Schon jetzt werden die Milchinhaltsstoffe über das MIR-Verfahren gemessen. Es wäre zukünftig möglich, die Inhaltsstoffe noch genauer zu untersuchen, also auf einzelne Fettsäuren oder Eiweiße. So wäre z. B. wie in Frankreich eine Zucht auf bestimmte Kasein-Varianten möglich. Mit MIR-Spektren können auch Stoffwechselerkrankungen wie Ketose oder Pansenübersäuerung (Acidose) nachgewiesen werden. Diese Informationen könnte man gezielt nutzen, um gegen die Anfälligkeit für Stoffwechselerkrankungen zu züchten. Um MIR-gestützte Merkmale in der Ziegenzüchtung zu etablieren, wäre es dringend notwendig, Forschungsprojekte zu initiieren, die anhand der bereits vorhandenen MIR-Spektren die entsprechenden Gleichungen für Ziegen entwickeln, um die Spektren auch bezüglich neuer Merkmale interpretieren zu können.

Von anderen Nutztierarten ist bekannt, dass die einseitige Züchtung auf Leistungsmerkmale zu Problemen bei anderen, gekoppelten Produkten führt. Bespiele sind hier Kälber von Milchrinderrassen oder die männlichen Küken aus Legehennenlinien. Auch bei den Ziegen gibt es eine sehr starke Spezialisierung bei den Ziegenrassen. Hier stellt sich die Frage, ob nicht bei den Milchziegenrassen die sogenannte **Doppelnutzung** mit in den Fokus der Zuchtprogramme gerückt werden sollte. Bei einer Doppelnutzungsrasse können zwei Produkte gleichzeitig genutzt werden, im Fall der Ziege wären dies die Milch der Ziege und das Fleisch der Kitze. Ein großes Problem bei der Vermarktung der Kitze ist derzeit, dass diese kaum Fleisch ansetzen. Würde die Fleischleistung, z. B. in Form von täglichen Zunahmen oder Bemuskelung, aber auch in Form von Fleischqualitätsmerkmalen in die Zuchtprogramme mit aufgenommen, dann könnten besser bemuskelte Kitze vermarktet werden. Milch- und Fleischleistung sind teilweise negativ miteinander korreliert (–0,15 bis –0,20). Somit würde die Aufnahme von Fleischleistungsmerkmalen in das Zuchtziel zu einem verlangsamten Zuchterfolg bei den Milchleistungsmerkmalen führen.

Derzeit werden bei Ziegen keine Merkmale der **Fleischleistung und -qualität** erfasst. Die Schlachtkörper aus den verschiedenen Haltungssystemen unterscheiden sich stark. Kitze aus der Milchziegenhaltung werden häufig im Alter bis zu 12 Wochen und einem Gewicht von 8–14 kg geschlachtet. Kitze aus der Fleischziegenhaltung im Alter von 3–4 Monaten bei einem Gewicht von 20–32 kg.

Ziegenfleisch unterscheidet sich deutlich von anderen Fleischarten. Es weist einen höheren Kollagenanteil im Bindegewebe auf, hat einen geringen Fettaneil und weist vergleichsweise hohe pH-Werte auf, die nur eine geringe Fleischreife ermöglichen. Ernährungsphysiologisch ist Ziegenfleisch jedoch sehr hochwertig, da es fett- und damit kalorienarm ist und gleichzeitig einen hohen Anteil an ungesättigten Fettsäuren aufweist. Zudem enthält Ziegenfleisch hohe Anteile an wertvollen Mineralstoffen wie Eisen, Kalzium, Zink, Magnesium und Kalium.

Bezüglich der Merkmalserfassung bei Schlachttieren ist zwischen der **Schlachtausbeute** (Schlachtkörpergewicht, Ausschlachtung), der **Schlachtkörperzusammensetzung** (Anteil an wertvollen Teilstücken, Anteil an Muskelfleisch, Fettanteil) sowie der Fleischqualität (objektive und subjektive Kriterien) zu unterscheiden. Zusätzlich zu den bisher erfassten täglichen Zunahmen wäre es ein erster Schritt, bei der Schlachtung der Ziegenkitze Merkmale wie Ausschlachtung, Rückenmuskelfläche sowie eine Benotung von Muskelfülle (Abb. 68) und des Fettanteils durchzuführen. Die **Ausschlachtung** ist das Verhältnis von Schlachtgewicht zum Lebendgewicht des Tieres vor der Schlachtung. Kitze können Ausschlachtungsergebnisse von ≥50 % erbringen. Ein Maß für die Rückenmuskelfläche kann entweder am lebenden Tier indirekt mittels Ultraschall ermittelt werden (Rückenmuskeldicke in mm) oder direkt am geschlachteten Tier durch Vermessen der Rückenmuskelfläche in cm^2.

Abb. 68 Burenziegenbock mit breiter Brust, guter Länge und Tiefe sowie einer hervorragender Bemuskelung.

Anhand des Gemeinschaftlichen Handelsklassenschemas für Schafschlachtkörper (Verordnung (EG) Nr. 1234/2007 des Rates, Verordnung (EG) Nr. 1249/2008 der Kommission) können auch Ziegenschlachtkörper für Fleischigkeit und Fettanteil bewertet werden. Dabei wird die Fleischigkeit bzw. die Muskelfülle in sechs Klassen von S für „erstklassig" über E (vorzüglich), U (sehr gut), R (gut), O (mittel) bis P für „gering". Der Fettanteil wird in fünf Klassen von 1 für „sehr gering" bis 5 für „sehr stark" eingeteilt. Alle diese Merkmale könnten im Rahmen eines Zuchtprogramms verwendet werden. So könnte zum einen das Muskelansatzvermögen der Tiere gesteigert und zum anderen die Fleischqualität gefördert werden. Der Erfassung von Fleischleistungs- und -qualitätsmerkmalen bei Ziegen steht vor allem das dezentrale Schlachten in häufig sehr kleinen Schlachtstätten entgegen. Hierfür bräuchte es ein Konzept zur Datenerfassung und zum Datenfluss.

Auf den ersten Blick wäre es interessant und wichtig, den **Futteraufwand** zur Erzeugung von Milch und Fleisch zu minimieren oder auch die **Futtereffizienz** bei Ziegen zu erhöhen. Damit ist gemeint, dass der Aufwand an Futter je Produkteinheit minimiert wird, ohne dass es zu gesundheitlichen Beeinträchtigungen bzw. Beeinträchtigungen des Wohlbefindens der Ziege führt. Bei genauerem Nachdenken über diese Merkmale wird das Thema allerdings zunehmend komplex. Eine besondere Eigenschaft der Ziege ist ihr Anspruch an die Vielfältigkeit des Futters. Das beinhaltet gleichzeitig, dass Ziegen bei einem ausreichend vielfältigen Futterangebot in der Lage sind, sich Futter in maximaler Nährstoffdichte heraus zu selektieren. Aus Sicht der Ziege ist das Beste an Futter Rinde, Sträucher und Kräuter. In der Landschaftspflege macht man sich genau dieses Verhalten der Ziegen zunutze. Es stellt sich die Frage, ob mit einer Zucht auf geringen Futteraufwand bzw. auf Futtereffizienz dieses spezielle Verhalten der Ziegen weggezüchtet würde. Hier ist noch weiterer Forschungsbedarf notwendig.

Die **Tiergesundheit** gewinnt insgesamt in der Nutztierzüchtung an Bedeutung. Die Züchtung auf Gesundheit und Robustheit wird im Rahmen der Gemeinschaftsaufgabe „Verbesserung der Agrarstruktur und des Küstenschutzes" (GAK) durch öffentliche Gelder vom Bund und den Bundesländern gefördert. In Bayern und Baden-Württemberg gibt es seit 2017 ein Gesundheits- und Robustheitsmonitoring für Ziegen (GMON Ziege). Dieses wurde in Anlehnung an bestehende Verfahren beim Rind entwickelt, dem GMON-Rind-Programm des Landesverbands Baden-Württemberg für Leistungs- und Qualitätsprüfungen in der Tierzucht e. V. und dem ProGesund-Programm des Landeskuratoriums der Erzeugerringe für tierische Veredelung in Bayern e. V. Bei diesen Programmen werden die tierärztlichen Diagnosen auf Basis der Anwendungs- und Abgabebelege erfasst. Im Gegensatz dazu können beim GMON Ziege Milchziegenhalter bzw. in Baden-Württemberg alle Ziegenhalter Gesundheits- und Robustheitsmerkmale als Beobachtung bei ihren Kitzen, Ziegen und Böcken selber erfassen. Zukünftig ist geplant, dass auch Tierärzte die von ihnen gestellten Diagnosen in das System eingeben können. Auf Basis der erfolgreichen Gesundheitsmonitoring-Systeme in der Rinderzüchtung wurden inzwischen Zuchtwerte für die Merkmale Frühe Fruchtbarkeitsstörungen, Zysten, Milchfieber und Mastitis geschätzt. Weitere Zuchtwerte sind in Vorbereitung. Intensiv wird an Merkmalen der Klauengesundheit gearbeitet. Auch hier sind bald die ersten Zuchtwerte bei Rindern zu erwarten. Gesundheitsmerkmale werden stark von den Umweltbedingungen beeinflusst. Trotzdem liegen bei Rindern die Erblichkeiten zwischen 0,01 und 0,10, sodass bei klarer Merkmalsdefinition und -erfassung auch züchterische Fortschritte zu erwarten sind.

In der Tierzüchtung hat **Robustheit** zwei Komponenten: Zum einen soll ein Nutztier stabil auf Veränderungen in seiner Umwelt reagieren, d. h. zum Beispiel bei schwankender Futterqualität eine gleichbleibend gute Leistung zeigen. Zum anderen sollen robuste Nutztiere in verschiedenen Produktionsumwelten gleichwertig gute Leistungen zeigen. Dabei sollte jedoch nicht nur das bloße „Funktionieren“ der Tiere betrachtet werden, sondern auch die Integrität und das Wohlbefinden des Tieres.

In der Ziegenhaltung ist Robustheit vor allem auch in Verbindung mit Weidehaltung wichtig. Hierbei geht es zum einen um die Widerstandfähigkeit gegenüber Innenparasiten (Würmern) sowie um die Futterverwertung des Weidefutters. Diese wichtigen Merkmale werden derzeit züchterisch nicht bearbeitet, da bisher keine geeigneten (Hilfs-)

Abb. 69 Pfauenziegen gelten als robuste Ziegenrasse. Eine Leistungsprüfung für Robustheit gibt es allerdings bisher nicht.

Merkmale für eine Leistungsprüfung identifiziert werden konnten (Abb. 69). Bei der Futterverwertung des Weidefutters ist es z. B. schwierig, genau zu erfassen, was und wie viel davon die Ziegen täglich fressen und wie gut die Ziegen das Gefressene verwerten. Für eine detaillierte Bestimmung müsste zunächst der genaue Pflanzenbestand auf der Weide inklusive des Nährstoffgehalts erfasst werden. Dann müsste bestimmt werden, wie viel von welchen Pflanzen die Tiere fressen. Und dann müsste noch ermittelt werden, was von den aufgenommenen Pflanzen und Nährstoffen die Tiere wieder ausscheiden. Solche Bestimmungen können eventuell durch Einzeltierbeobachtungen erfolgen, eine routinemäßige Erfassung im Rahmen einer Leistungsprüfung ist derzeit noch zu arbeitsaufwendig und zu teuer.

Der Zeitpunkt rund um die Geburt ist eine entscheidende Phase im Leben jeder Ziege. Hier werden die Weichen für die spätere Entwicklung gestellt. Dafür sind die **Mütterlichkeit** der Ziege und die **Vitalität** des Kitzes entscheidende Faktoren. Durch mütterliches Verhalten direkt nach der Geburt unterstützt die Ziege das Neugeborene dabei, zum Euter zu finden und Kolostrum aufzunehmen. Oft hebt die Ziege auch ein Hinterbein an, um den Zugang zum Euter zu erleichtern. Zudem steuert die Ziege durch das Ablecken die Thermoregulation des Kitzes, aktiviert dessen Kreislauf und reinigt es. Wichtig ist auch, dass das Muttertier aus Sorge um eines der Kitze nicht weitere Kitze „vergisst“. Eine einfache Möglichkeit, die Mütterlichkeit einer Ziege direkt nach der Geburt zu erfassen, bietet das 3-stufige Schema nach DALTON (1975):

3	Gut	Die Mutterziege bleibt bei ihrem Kitz, obwohl sich eine Person annähert.
2	Genügend	Die Mutterziege entfernt sich von ihrem Kitz, wenn sich eine Person annähert.
1	Schlecht	Die Mutterziege entfernt sich von ihrem Kitz, wenn sich eine Person annähert, ohne zurückzukehren.

Die Mütterlichkeit könnte von den Züchtern direkt erfasst und zusammen mit der Geburtsmeldung in die Datenbank eingegeben werden. Sobald eine ausreichende Datengrundlage besteht, müssten genetische Parameter (Erblichkeiten, Korrelationen) für das Merkmal geschätzt werden. Sind diese aussichtsreich, so könnte dieses Merkmal in einer Zuchtwertschätzung verwendet werden.

Für die **Vitalität** der Kitze ist es entscheidend, wie schnell diese aufstehen und wie schnell sie das Euter finden und trinken. Je schneller nach der Geburt sie Kolostrum aufnehmen, desto gehaltsreicher ist dieses und umso aufnahmebereiter ist auch noch das Darmsystem der Jungtiere für die Immunglobuline. Wichtige Merkmale zur Beurteilung der Kitzvitalität sind daher die Zeitspanne bis zum ersten Aufstehen (Minuten nach der Geburt) und die Zeitspanne bis zur ersten Kolostrumaufnahme (Minuten nach der Geburt). Zudem können verschiedene Parameter der Vitalität wie erstes Aufstehen, erste Gehversuche, Eutersuche und Gesamteindruck mittels einer Punktebewertung nach LÖER (1996) in einer Vitalitätsnote zusammengefasst werden. Sie verwendete eine 5-stufige Skala von 1 Punkt für schlechte Vitalität bis 5 Punkten für hohe Vitalität. Um die Vitalitätsnote für die Züchtung nutzen zu können, müsste die genaue Bewertung der verschiedenen Parameter erstes Aufstehen, erste Gehversuche, Eutersuche und Gesamteindruck definiert werden. Nur so kann eine einheitliche und eindeutige Bewertung sichergestellt werden.

7.2 Bocktauschringe

Um noch besser in der Lage zu sein, die genetischen und die Umwelteffekte bei der Zuchtwertschätzung zu trennen, wäre es gut, wenn Böcke auch im Natursprung in verschiedenen Herden eingesetzt werden. Früher, als es noch den Gemeindebock gab, zu dem die Ziegenhalter ihre brünstigen Ziegen brachten, war die genetische Verknüpfung der Herden kein Problem. Heutzutage hält fast jeder Ziegenzüchter und -halter seinen eigenen Bock bzw. seine eigenen Böcke. Manche Böcke werden nur eine oder zwei Deckperioden in kleinen Herden eingesetzt und dann geschlachtet (s. Abb. 70). Manche Ziegenzüchter kaufen sich aber auch gemeinsam einen Bock und tauschen diesen dann entweder innerhalb einer Decksaison oder jeder setzt den Bock für eine Decksaison ein. Aus Sicht der Zuchtwertschätzung wäre es wünschenswert, dass sich noch viel mehr solche Bocktauschringe etablieren. Wenn dabei Ziegenzüchter mit kleinen Herden und solche mit großen zusammenarbeiten würden, ergäben sich gerade für die kleinen Betriebe einige Vorteile. Zum Beispiel hat ein großer Betrieb in der Regel keine Schwierigkeiten, Böcke zu halten, da ausreichend Platz vorhanden ist. Für die kleinen Betriebe ist es aber eine große Erleichterung, außerhalb der Decksaison keinen Ziegenbock halten zu müssen. Außerdem profitieren die kleinen Betriebe davon, dass der Ziegenbock durch den Einsatz in einem großen Betrieb schnell viele Nachkommen mit Leistung hat und so auch die Ziegen in dem kleinen Betrieb bald sicherere Zuchtwerte haben. Die großen Betriebe würden davon profitieren, wenn die kleinen Betriebe aus ihrer Nachzucht Bockkitze aufziehen, diese kören lassen und dann auf den Bockmärkten oder auch ab Stall verkaufen.

Der Haupthinderungsgrund für die Entstehung von mehr Bockringen sind Gesundheit und Hygiene. Selbst wenn die Zuchtbetriebe alle den gleichen offiziellen Hygienestatus haben, so gibt es doch in jedem Betrieb eine eigene Keimflora. Tauscht man Ziegenböcke aus, so braucht es auf jeden Fall eine Quarantäne (4 Wochen), bevor der

Abb. 70 Ziegenbock und Ziegen während der Decksaison gemeinsam auf der Weide.

Ziegenbock in die neue Herde gelassen wird. Vor dem Bocktausch sollten eine Entwurmung und eine Behandlung gegen Haarlinge und Milben erfolgen. Das wichtigste ist jedoch das Vertrauen zwischen den Partnern eines Bocktauschrings. Und das Wissen darum, dass trotz aller Vorsorgemaßnahmen einmal eine Krankheit von dem einen in den anderen Bestand übertragen werden kann. Somit gehört auch eine gewisse Risikobereitschaft zur Teilnahme an einem Bocktauschring. Prüfen Sie daher im Vorfeld genau, mit wem Sie sich vorstellen können, so vertrauensvoll zusammenzuarbeiten. Dann kann ein Bocktauschring eine große Bereicherung für Ihren Betrieb sein.

In der Schweiz wurden über verschiedene Projekte zu gefährdeten Ziegenrassen **Bockweiden** etabliert, auf denen Bockhalter den Sommer über ihre Ziegenböcke weiden lassen können. Inzwischen werden die Bockweiden von Privatpersonen angeboten. Auf einer Bockweide werden Böcke aus verschiedenen Umwelten in einer neuen Umwelt zusammengebracht. Durch die gemeinsame Weideperiode im Sommer haben die Tiere bis zu nächsten Deckperiode eine ausreichende Quarantänezeit hinter sich. Die Böcke können dann entweder in den eigenen Betrieb zurückgehen oder zwischen den Betrieben ausgetauscht werden. Insgesamt gibt es 20 Bockweiden in sieben Kantonen.

7.3 Ökologische Zuchtprogramme

Von 2014 bis 2017 wurde in Deutschland eine Systemanalyse der Schaf- und Ziegenmilchproduktion (Manek et al. 2017) durchgeführt. Ziel war es, einen Überblick über die landwirtschaftliche Milchziegen- und Milchschafhaltung zu bekommen. Im Fokus standen dabei Erwerbsbetriebe mit 15 oder mehr melkenden Ziegen. Folgende Zahlen konnten ermittelt werden:

Anzahl Milchziegenbetriebe (≥ 15 Ziegen)	284
Anzahl Milchziegen	35 000
Anteil Öko-Betriebe	
Deutschland, gesamt	66 %
Süddeutschland	> 80 %
Anteil Herdbuchbetriebe	
≥ 15 Ziegen	20 %
< 15 Ziegen	80 %
Teilnahme an der Milchleistungsprüfung	35 %

Die überwiegende Zahl der landwirtschaftlichen Betriebe wirtschaftet nach den Richtlinien des Ökologischen Landbaus. Nur wenige dieser Betriebe nehmen am Zuchtprogramm oder an der Leistungsprüfung teil. Warum? Scheinbar sprechen die derzeitigen Zuchtziele und/oder die Organisation der Zuchtprogramme die Landwirte nicht an. Dies führt aber zu einem Paradoxon, da Züchten kein Selbstzweck ist, sondern die landwirtschaftliche Erzeugung unterstützen soll. Somit ist es an der Zeit, sich Gedanken über Ökologische Zuchtprogramme in der Ziegenhaltung zu machen und die Frage zu stellen, wie die Zuchtprogramme ansprechender gestaltet werden können, damit mehr landwirtschaftliche Betriebe Herdbuchböcke für ihre Herden kaufen (= Übertragung von Zuchtfortschritt) und damit sich vor allem auch mehr landwirtschaftliche Betriebe an der Herdbuchzüchtung beteiligen

Ziel einer ökologischen Tierzüchtung ist die Optimierung der verschiedenen Leistungen und Funktionen der Nutztiere im ökologischen Betriebssystem. Damit ist gemeint, dass die **Multifunktionalität** der Nutztiere im ökologischen Betriebssystem im Vordergrund steht. Multifunktionalität bedeutet, die Nutztiere produzieren Lebensmittel aus (überwiegend) betriebseigenen Futtermitteln, ihre Ausscheidungen werden zur Förderung der Bodenfruchtbarkeit benötigt, sie gestalten durch Weidehaltung die Landschaft (s. Abb. 71) und sind selbst ein Bestandteil der Biodiversität. Leistungsmerkmale wie Milch- oder Fleischproduktion sind hier wichtig für den ökonomischen Betriebs-

Abb. 71 Weideeignung ist ein wichtiges Merkmal für eine ökologische Ziegenhaltung. Bisher gibt es hierfür keine Leistungsprüfung.

erfolg. Genauso wichtig sind aber Merkmale der Anpassungsfähigkeit und der Robustheit. Merkmale wie die Lebensleistung (z. B. Milchleistung innerhalb des gesamten Lebens), die Lebenseffektivität (z. B. Milchleistung im Leben geteilt durch Lebenstage), die Nutzungseffektivität (z. B. Milchleistung im Leben geteilt durch Nutzungsdauer) oder Effektivität je Melktag (z. B. Milchleistung im Leben geteilt durch Melktage) verbinden die ökonomische wirksame Leistung mit der Anpassungsleistung und Nutzungsdauer. Tabelle 15 zeigt Erblichkeiten für verschiedene Merkmale der Lebensleistung. Für eine optimale Anpassungsleistung ist eine Regionalisierung der Zuchtarbeit notwendig. Zudem sollte die Reproduktion der Tiere auf dem landwirtschaftlichen Betrieb möglich sein.

Multifunktionalität in der Milchziegenhaltung bedeutet zum Beispiel, dass mit der Milchproduktion verschiedene Fleischprodukte (Altziegen und Kitze) gekoppelt sind. Auch diese sollten in den Fokus der Züchtung gerückt werden. In Bezug auf das Tierwohl und eine gute Mensch-Tier-Beziehung spielen Fitness-, Gesundheits- und Verhaltensmerkmale eine wichtige Rolle. Es sollten Merkmale mit direkter Auswirkung auf die Umwelt in den Merkmalskatalog aufgenommen werden, z. B. die Verwertung von artgerechtem und betriebseigenem bzw. Weidefutter.

Tab. 15 Heritabilitäten (Diagonale) und genetische Korrelationen für Merkmale der Lebensleistung bezogen auf die Milchmenge (nach Wolber et al., 2018b).

Merkmal	1	2	3	4	5
1 Nutzungsdauer	**0,16**	0,90	0,71	−0,07	0,32
2 Lebensleistung (Mkg)		**0,15**	0,91	0,23	0,56
3 Lebenseffektivität (Mkg)			**0,13**	0,49	0,76
4 Nutzungseffektivität (Mkg)				**0,18**	0,85
5 Effektivität je Melktag (Mkg)					**0,16**

Der Begriff der ökologischen Tierzüchtung ist derzeit nicht definiert. Die ökologischen Milchziegenhalter und -züchter haben die Möglichkeit, hier Pionierarbeit zu leisten und zukünftige Ziele sowie Umsetzungsmöglichkeiten einer ökologischen Tierzüchtung festzulegen. Dafür ist eine gemeinsame, grundlegende Diskussion der Zuchtziele notwendig.

7.4 Zuchtprogramme zur Landschaftspflegeeignung

Ziegen als Konzentratselektierer und Mischfresser eignen sich hervorragend für die Landschaftspflege. Sie sind insbesondere dafür geeignet, stark verbuschte Flächen wieder zu öffnen oder von **Verbuschung** bedrohte Flächen offenzuhalten. Landschaftspflege mit Ziegen wird überwiegend von Mutterziegenherden mit ihren Kitzen betrieben. Neben dem Produkt „Landschaftspflege“ fällt dabei zusätzlich das Produkt Kitzfleisch zum Ende der Weidesaison an.

Was wären mögliche Zuchtziele für Ziegen in der Landschaftspflege? Diese sollten über ein gutes Fundament, das heißt gute Klauen und ein gutes Beinwerk, verfügen. Insgesamt sollten die Landschaftspflegeziegen widerstandsfähig gegen Krankheiten und Parasiten sein. Bei weiblichen Tieren sollte das Euter fest angesetzt und hoch aufgehängt sein, ansonsten ist die Verletzungsgefahr insbesondere auf stärker verbuschten Flächen oder bei Dornengestrüpp sehr hoch. Ein kurzes dichtes Fell ist besser für den Pflegeeinsatz geeignet als lange Haare. Ein glattes, Regen ableitendes Oberhaar und ein dichtes Unterhaar sollten die Tiere vor Witterungseinflüssen schützen. Die Mutterziegen sollten über eine gute Milchleistung verfügen, um den Kitzen einen guten Start in die Landschaftspflegeperiode zu ermöglichen. Merkmale wie Mütterlichkeit und Kitzvitalität wären auch hier wichtig. Trotz der extensiven Haltung sollten die Kitze am Ende der Landschaftspflegesaison eine gute Fleischleistung und -qualität aufweisen. Zuchtprogramme zur Landschaftspflegeeignung könnten zum einen für bereits existierende Ziegenrassen formuliert werden. Hierfür würden sich verschiedene

Robustziegenrassen aber auch die Burenziege eignen. Eine andere Möglichkeit wäre die Zucht einer neuen Rasse (= synthetische Rasse) aus verschiedenen Ausgangsrassen.

7.5 Genomische Zuchtprogramme

Bei Rindern, Schweinen und Legehennen werden seit einigen Jahren genomische Zuchtprogramme durchgeführt. In einem solchen Zuchtprogramm werden die in der Leistungsprüfung erhobenen Daten (phänotypische Leistungen) mit molekulargenetischen Informationen kombiniert. Die molekulargenetischen Informationen werden mittels **genetischer Marker** (**S**ingle-**N**ucleotide-**P**olymorphism = SNP) im Genom ermittelt (vgl. Vererbung). Mithilfe sogenannter SNP-Chips kann das Genom eines Tieres über alle Chromosomen hinweg für alle bekannten Genorte typisiert werden. Damit kann auf Basis der **SNP-Genotypen** eine sogenannte genomische Zuchtwertschätzung entwickelt werden. Diese erfolgt entweder zwei- oder einstufig. Beim zweistufigen Verfahren wird zunächst eine herkömmliche BLUP-Zuchtwertschätzung durchgeführt und dann mit den genomischen Informationen kombiniert. Beim einstufigen Verfahren werden simultan alle vorhandenen Informationen (Phänotypen und Genotypen) in der Zuchtwertschätzung verarbeitet.

Basis der genomischen Zuchtwertschätzung ist die **Lern- oder Referenzstichprobe**. Die Tiere in der Lern- oder Referenzstichprobe sind alle genotypisiert und verfügen über Informationen aus der Leistungsprüfung (Phänotypen). Insbesondere männliche Tiere mit vielen Nachkommenleistungen bilden die Stütze des Systems. Es können allerdings auch weibliche Tiere in der Lernstichprobe sein. Diese bringen dann vor allem ihre Eigenleistung ein. An diesen Tieren wird das Zuchtwertschätzsystem geeicht, sodass dann auch für junge Tiere ohne Informationen aus der Leistungsprüfung sichere Zuchtwerte geschätzt werden können. Die Sicherheit des genomischen Zuchtwertschätzsystems ist umso höher, je größer die Lernstichprobe ist. Zudem sollte die genetische Distanz zwischen der Lernstichprobe und den Selektionskandidaten möglichst nah sein. Das heißt, im Idealfall enthält die Lernstichprobe die Eltern oder zumindest die Väter der Selektionskandidaten. Es hat sich gezeigt, dass die Sicherheit sinkt, wenn die Tiere der Lernstichprobe aus einer anderen Rasse oder einer anderen Zuchtpopulation innerhalb der gleichen Rasse stammen. Auch die Sicherheit der herkömmlichen Zuchtwerte, die in die genomische Zuchtwertschätzung eingehen, sollte möglichst hoch sein. Dies ist jedoch nur für Tiere mit vielen Nachkommenleistungen der Fall.

Zunächst erscheint es in der Ziegenzüchtung attraktiv, direkt ein genomisches Zuchtprogramm umzusetzen und nicht erst in aufwendige Zuchtprogramme mit Nachkommenprüfung zu investieren.

Allerdings tun sich hier verschiedene Problemfelder auf:

- Problemfeld **Lernstichprobe**: Für eine ausreichend große Lernstichprobe sollten mindestens 50 Bockväter mit jeweils 50 Söhnen und 100 geprüften Töchtern zur Verfügung stehen (vgl. Abb. 72). In der Ziegenzüchtung gibt es derzeit jedoch keine wirkliche Nachkommenprüfung. Böcke haben in der Regel nur wenige Nachkommen. Selbst wenn man weibliche Tiere mit in die Lernstichprobe aufnehmen würde, wäre es schwierig, auf eine hohe Anzahl geprüfter Tiere zu kommen. Schon die herkömmlichen Zuchtwerte der meisten Tiere haben nur niedrige Sicherheiten (<50 %).
- Problemfeld **Vernetzung**: Ein weiteres Problem in der Ziegenzüchtung ist, dass Böcke meist nur Nachkommen in einem oder wenigen Betrieben haben. Dadurch gibt es kaum eine Vernetzung zwischen den verschiedenen Teilpopulationen der verschiedenen Ziegenzuchtverbände. Die geringe verwandtschaftliche Vernetzung ist schon eine Herausforderung für die herkömmliche Zuchtwertschätzung.
- Problemfeld **Äquirassen**: Sowohl bei der Bunten als auch bei der Weißen Deutschen Edelziege sind Äquirassen zugelassen. Ein Großteil der wenigen Böcke, die überregional eingesetzt werden, hat Böcke dieser Äquirassen als Väter. Damit stammen die Tiere aus unterschiedlichen Populationen. Dadurch müsste die genetische Distanz zwischen den Böcken und der Gesamtpopulation erhöht sein. Das würde sich negativ auf die genomische Zuchtwertschätzung auswirken.
- Problemfeld **Kosten**: Für jede Genotypisierung eines Tieres fallen Kosten an. In der Rinderzüchtung liegen diese derzeit etwa bei 25–50 € je Tier. Dort werden jedoch große Tierzahlen genotypisiert,

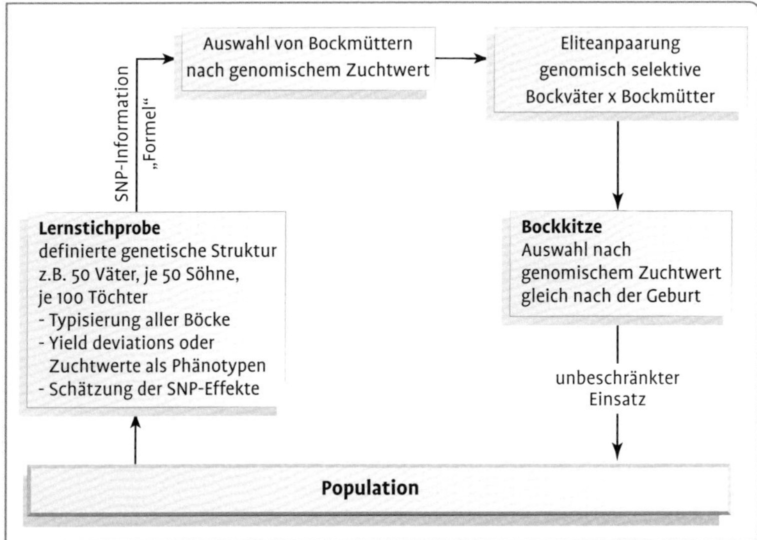

Abb. 72 Schema eines genomischen Zuchtprogramms (verändert nach Swalve et al., 2011).

die in der Ziegenzüchtung niemals erreicht werden. Inwieweit die Ziegenzuchtverbände und die Ziegenzüchter bereit und in der Lage sind, die Kosten einer Genotypisierung zu tragen, ist nicht bekannt.

In Frankreich und in Großbritannien, wo es deutlich intensivere Nachkommenprüfprogramme gibt als in Deutschland, arbeitet man seit dem Jahr 2013 (Frankreich) bzw. 2015 (Großbritannien) an der Umsetzung der genomische Zuchtwertschätzung im Rahmen von genomischen Zuchtprogrammen. Dabei setzten beide Länder auf eine gemischte Lernstichprobe aus männlichen und weiblichen Tieren. Würden sie sich auf männliche Tiere in der Lernstichprobe beschränken, wäre diese mit deutlich weniger als 1000 Böcken zu klein. In Frankreich wird zudem mit einer kombinierten Lernstichprobe aus Alpinen- und Saanenziegen gearbeitet. Die Zuchtwertschätzung wird in beiden Ländern im einstufigen Verfahren durchgeführt. In Großbritannien führt man die Zuchtwertschätzung derzeit nur für das Merkmal Milchmenge durch. In Frankreich erfolgt die genomische Zuchtwertschätzung für fünf Milchleistungsmerkmale: Milch-, Fett- und Eiweißmenge sowie Fett- und Eiweißgehalt. Zudem werden fünf Exterieurmerkmale betrachtet, Euterboden, Euterform, Hintereuteraufhängung, Voreuter und Strichstellung, sowie die logarithmierte Zellzahl (Somatic Cell Score, SCS).

Abb. 73 Bunte Deutsche Edelziegen auf der Weide.

Der große Vorteil eines genomischen Zuchtprogramms wäre, dass auf eine aufwendige Nachkommenprüfung verzichtet werden könnte und Jungböcke mit genomischem Zuchtwert direkt in der Population sowohl als Ziegen- als auch als Bockväter eingesetzt werden könnten. Der größte Erfolgsfaktor der genomischen Selektion in Rinderzuchtprogrammen war die Verringerung des Generationsintervalls im Vater-Sohn-Pfad. Ziegen haben ein deutlich geringeres Generationsintervall als Rinder, daher sind hier keine so deutlichen Effekte zu erwarten. Zudem sind die Kosten für die Genotypisierung im Vergleich zum ökonomischen Wert des Einzeltieres bei Ziegen deutlich höher als bei Rindern. Inwieweit die vermuteten Problemfelder die Einführung eines genomischen Zuchtprogramms behindern, müsste mittels einer Kosten-Nutzen-Analyse untersucht werden.

8 Gemeinsam sind wir stark – Plädoyer für die Mitgliedschaft in einem Ziegenzuchtverband

Die Organisation der Tierzüchtung in Züchtervereinigungen ist längst keine Selbstverständlichkeit mehr. Bei anderen Nutztierarten wie Schwein und Geflügel, zunehmend aber auch beim Rind, bestimmen international agierende Zuchtkonzerne die Zuchtprogramme. Dann sind die einzelnen Züchter nur noch Abnehmer von Zuchtprodukten der Konzerne. Sie haben keinerlei Mitbestimmungsrecht bezüglich der Zuchtziele oder der verschiedenen Zuchtmaßnahmen. Die Ziegenzucht in Deutschland ist derzeit noch komplett in **Zuchtverbänden** organisiert. Die Entscheidung über die Eckpfeiler des Zuchtprogramms erfolgt basisdemokratisch. Jedes Mitglied des Zuchtverbands hat die Möglichkeit, über die Zuchtziele und die Durchführung des Zuchtprogramms mit zu entscheiden. Dies kann über mehrere Ebenen erfolgen. Einmal jährlich findet eine Mitgliederversammlung statt, bei der jedes Mitglied die Möglichkeit hat, Einfluss auf die Zuchtstrategien des eigenen Verbandes zu nehmen. Anlässlich der Mitgliederversammlungen werden in regelmäßigem Turnus Vertreter aus der Züchterschaft in den Beirat und Vorstand des Verbandes gewählt. Diese beschließen in ihren jeweiligen Gremien dann gemeinsam mit dem Zuchtleiter über die Details der Zuchtprogramme.

Aufgaben eines Zuchtverbands

- Führen des Zuchtbuches, das heißt Eintragen der gemeldeten Ziegen und Böcke mit allen Zuchtvorgängen, Abstammungen und Leistungen
- Durchführen von Zuchtmaßnahmen entsprechend der Zuchtbuchordnung, mit dem Ziel, die Wirtschaftlichkeit der Ziegen haltenden Betrieb zu erhalten und zu verbessern
- Durchführen von Leistungsprüfungen
- Organisation und Durchführung von regionalen und überregionalen Veranstaltungen und Ausstellungen
- Beratung der Mitglieder in allen Fragen der Haltung und Zucht
- Zeitnahe Mitgliederinformation über politische Vorgaben
- Interessenvertretung der Ziegenzüchter und Ziegenhalter im jeweiligen Bundesland
- Vertretung der Ziegenzucht und Ziegenhaltung gegenüber den Landesbehörden, Kommunen, Organisationen der Landwirtschaft, des Naturschutzes sowie der Berufs- und Hochschulen
- Angebote an Fortbildungen und Lehrgängen
- Öffentlichkeitsarbeit

Abb. 74 Machen wir uns gemeinsam auf den Weg!

Auf Bundesebene sind alle Ziegenzuchtverbände zum **Bundesverband Deutscher Ziegenzüchter e. V. (BDZ)** zusammengeschlossen. Dieser vertritt vor allem die Interessen der Ziegenzüchter und -halter auf politischer Ebene. Unter dem Dach des BDZ finden zudem regelmäßige Treffen der Zuchtleiter statt, um sich über Zuchtziele und Zuchtprogramme bei den verschiedenen Ziegenrassen zu verständigen und diese zu vereinheitlichen. Rassebeiräte, wie z. B. der für die Thüringer Wald Ziege, können dabei unterstützen, bundeseinheitlich einvernehmliche Regelungen für die einzelnen Rassen zu finden.

Derzeit sind die Ziegenzuchtverbände vorwiegend ehrenamtlich organisiert. In einigen wenigen Bundesländern werden die Zuchtleiter und Zuchtberater noch staatlich finanziert. In den meisten Bundesländern müssen diese jedoch durch die Verbände finanziert werden. Diese Strukturen sind eine zunehmende Herausforderung für die Verbandsarbeit. Es braucht daher Ideen, wie die Organisation der Ziegenzüchtung in Deutschland in eine moderne, schlagkräftige Struktur überführt werden kann, ohne die basisdemokratischen, regionalen Strukturen aufzugeben. Hier sind alle Ziegenzüchter und -halter gefragt, sich einzubringen. Nur gemeinsam kann diese Aufgabe gestemmt werden. Und nur gemeinsam können die Zuchtziele und Zuchtprogramme weiterentwickelt und Zuchtfortschritt in den Populationen erzielt werden. Werden Sie Mitglied in einem Ziegenzuchtverband und nutzen Sie die Möglichkeiten der Mitbestimmung. Gemeinsam sind wir stark für die Ziegenzucht!

Service

Wichtige Adressen

Ziegenzuchtverbände

Dachverband
Bundesverband Deutscher Ziegenzüchter e. V. (BDZ)
Claire-Waldoff-Straße 7
10117 Berlin
Telefon: 030 31904542
E-Mail: s.voell@bauernverband.net
Homepage: www.ziegen-sind-toll.com

Baden-Württemberg
Ziegenzuchtverband Baden-Württemberg e. V.
Heinrich-Baumann-Straße 1–3
70190 Stuttgart
Telefon: 0711 1665502
E-Mail: zzv@ziegen-bw.de
Homepage: www.ziegen-bw.de

Bayern
Landesverband Bayerischer Ziegenzüchter e. V.
Senator Gerauer Straße 23a
85586 Poing -Grub
Telefon:089 537856
E-Mail: geschaeftsstelle@ziegenzucht-bayern.de
Homepage: www.ziegenzucht-bayern.de

Berlin-Brandenburg
Schafzuchtverband Berlin-Brandenburg e. V.
Neue Chaussee 6
14550 Groß-Kreuz
Telefon: 033207 54168
E-Mail: info@szvbb.de
Homepage: www.schafzuchtverband-berlin-brandenburg.de

Hessen
Hessischer Ziegenzuchtverband e. V.
Leuseler Weg 7
36304 Alsfeld
Telefon: 06631 7308828
E-Mail: sandraretzel@ziegenzucht.de
Homepage: www.ziegenzucht.de

Mecklenburg-Vorpommern
Landesschaf- und Ziegenzuchtverband Mecklenburg-Vorpommern e. V.
Zarchliner Straße 7
19395 Plau am See
Telefon: 038738 73071
E-Mail: schafzucht@rinderallianz.de
Homepage: www.schafzucht-mv.de

Niedersachsen
Landesverband Niedersächsischer Ziegenzüchter e. V.
Mars-la-Tour-Straße 6
26121 Oldenburg
Telefon: 0441 801639
E-Mail: info@ziegenzucht-nds.de
Homepage: www.ziegenzucht-nds.de

Nordrhein-Westfalen
Landesverband der Ziegenzüchter für Westfalen-Lippe e. V.
Nevinghoff 40
48147 Münster
E-Mail: lrz-rheinland@gmx.de
Homepage: www.westfalen-ziegen.de

Landesverband Rheinischer Ziegenzüchter e. V.
Halfenslennefe 1
51491 Overath
Telefon: 02204 72425
E-Mail: info@ziegenzucht-rheinland.de
Homepage: www.ziegenzucht-rheinland.de

Rheinland-Pfalz
Landesverband der Schafhalter/Ziegenhalter und Züchter Rheinland-Pfalz e. V.
Peter- Klöckner-Straße 3
56073 Koblenz
Telefon: 0261 91593231
E-Mail: annabell.reeh@lwk-rlp.de
Homepage: www.schafe-ziegen-rlp.de

Saarland
Landesverband der Schaf- und Ziegenzüchter im Saarland e.V.
In der Kolling 11
66450 Bexbach
Telefon: 06826 82895 24
Handy: 0152 02091798
E-Mail: anton.schmitt@lwk-saarland.de
Homepage: www.schafe-ziegen-saarland.de

Sachsen
Sächsischer Schaf- und Ziegenzuchtverband e.V.
Ostende 5
04288 Leipzig OT Liebertwolkwitz
Telefon: 034297 9196 51
E-Mail: sszv_leipzig@sszv.de
Homepage: www.sszv.de

Sachsen-Anhalt
Landesschafzuchtverband Sachsen-Anhalt e.V.
Angerstraße 6
06118 Halle
Telefon: 0345 5214941
E-Mail: info@lsv-st.de
Homepage: www.lsv-st.de

Schleswig-Holstein
Landesverband Schleswig-Holsteinischer Schaf- und Ziegenzüchter
Steenbeker Weg 151
24106 Kiel
Telefon: 0431 332608
E-Mail: info@schafzucht-kiel.de
Homepage: www.schafzucht-kiel.de

Thüringen
Landesverband Thüringer Ziegenzüchter e.V.
Stotternheimer Straße 19
99087 Erfurt
Telefon: 0361 74980713
E-Mail: lv@thueringer-ziegen.de
Homepage: www.thueringer-ziegen.de; www.thueringerwaldziege.de

Weitere Verbände

Gesellschaft zur Erhaltung alter und gefährdeter Haustierrassen e. V.
Walburger Straße 2
37213 Witzenhausen
Telefon: 05542 1864
E-Mail: info@g-e-h.de
Homepage: www.g-e-h.de

Vereinigung der Schaf und Ziegenmilcherzeuger e. V.
Rehbergstr. 63
51709 Marienheide
Telefon: 02264 1585
E-Mail: info@schafundziegenmilch.org
Homepage: http://www.schafundziegenmilch.org/home.html

Milchleistungsprüfung

Internationaler Dachverband
International Comittee for Animal Recording (ICAR)
Via Savoia 78, sc. A int. 3,
00198 Rom, Italien
E-Mail: icar@icar.org
Homepage: https://www.icar.org/

Dachverband
Deutscher Verband für Leistungs- und Qualitätsprüfungen e. V.
Adenauerallee 174
53113 Bonn
Telefon: 0228 9144771
E-Mail: info@die-milchkontrolle.de
Homepage: https://www.die-milchkontrolle.de

Zuchtwertschätzung

Zuchtwertschätzteam Baden-Württemberg
Landesamt für Geoinformation und Landentwicklung Baden-Württemberg (LGL)
Abteilung 3 – Geodatenzentrum Referat 35
Stuttgarter Straße 161
70806 Kornwestheim
E-Mail: Tierzucht@lgl.bwl.de
Homepage: http://www.tierzucht-bw.de

ZieZi-Zuchtwertinformationssystem

Homepage: http://www.tierzucht-bw.de/pb/,Lde/Startseite/Zuchtwertschaetzung/ZieZi+-+Ziegen-Zuchtwertinformation

Gentest auf Hornlosigkeit (PIS-Gentest)

Justus-Liebig-Universität Gießen
Professur für Haustier- und Pathogenetik
Sekretariat
Telefon: 0641 9937681
E-Mail: ute.richter@agrar.uni-giessen.de
Homepage: http://www.uni-giessen.de/fbz/fb09/institute/ith/ag-luehken/dienstleistungen/pis_gentest_ziege

Zeitschriften für Ziegenzüchter

Deutschland

Schafzucht
Eugen Ulmer KG
Wollgrasweg 41
70599 Stuttgart
E-Mail: leserservice@ulmer.de
Homepage: https://www.schafzucht-online.de/

Zeitschriften aus anderen Ländern

Forum Kleinwiederkäuer
Verlagsgenossenschaft Caprovis
Industriestrasse 9
CH-3362 Niederönz, Schweiz
Telefon: +41 (0)62 9566874
E-Mail: forum.kleinwiederkaeuer@caprovis.ch
Homepage: http://forum.caprovis.ch

La Chèvre
Institut de l'Elevage (www.idele.fr)
149 Rue de Bercy
F- 5595 Paris Cedex 12
Telefon : +33 (0)1 40045245
E-Mail : damien.hardy@idele.fr
Homepage : chevre.reussir.fr

Schafe & Ziegen
LANDWIRT Agrarmedien GmbH
Hofgasse 5
A-8010 Graz, Österreich
Telefon: +43 (0)316 821636
E-Mail: redaktion@schafeundziegen.com
Homepage. http://www.schafeundziegen.com/

Literaturverzeichnis

Becker, H. (2011): Pflanzenzüchtung. UTB, Eugen Ulmer, Stuttgart, 2. Auflage.

Boué, P. (2011): Den Nachbarn über die Schulter geschaut – Ziegenzucht in Frankreich. Internationale Bioland Schaf- und Ziegentagung und Fachtagung des Bundesverbandes Deutscher Ziegenzüchter e. V., 12.–14. Dezember 2011, Freiburg.

Carillier-Jacquin, C., Larroque, H. und C. Robert-Granié (2017): Vers une sélection génomique chez les caprins laitiers. INRA Prod. Anim. 30-1, 19–30.

Dalton, O.C. (1975): Breed performance study. Whatawat Hill County Res. Stat., ann. Pe. 1974–1975. Nach: Schlolaut und Wachendörfer (1992).

Desire, S., Mucha, S., Coffey, M., Mrode, R., Broadbent, J. und Conington, J. (2018): Pseudopregnancy and aseasonal breeding in dairy goats: genetic basis of fertility and impact on lifetime productivity. Animal 12-9, 1799–1806.

France Génétique Elevage (2014): Des programmes de sélection efficaces, Sélection des races caprines laitières. http://fr.france-genetique-elevage.org/Selection-des-races-caprines.html (21.02.2019).

Gall, C. (2001): Ziegenzucht. Ulmer, Stuttgart, 2. Auflage.

Haumann, P. (2000): Weiterentwicklung eines Selektionsprogramms für Landschaftspflegeziegen. Cuvillier Verlag, Göttingen.

Herold, P. (2010): Zuchtziele und Selektionsmerkmale von Milchziegenhaltern. In: Rahmann, G. und Schumacher, U. (Hrsg.): Neues aus der Ökologischen Tierhaltung 2010. Praxis trifft Forschung, Sonderheft 341, 57–62.

Herold, P. (Hrsg.) (2009): 100 Jahre Ziegenzuchtverband Baden-Württemberg e. V. Druckerei Stöckl, Mannheim.

Herold, P. (2016): Tierzüchtung. In: Freyer, B. (Hrsg.): Ökologischer Landbau. Grundlagen, Wissensstand und Herausforderungen. UTB Band Nr. 4639, Haupt Verlag, Bern, 567–587.

Herold, P. und Herold, P. (2014): Leitfaden Einsatz von Ziegen in Naturschutz und Landschaftspflege. Ziegenzuchtverband Baden-Württemberg e. V. Druckerei Stöckl, Mannheim.

Herold, P., Wolber, M., Kettnacker, H. und Droessler, K. (2017): Potential for a routine health and robustness monitoring in dairy goats – a German case study. 41st ICAR Conference, Edinburgh, Schottland,14.–16. Juni 2017.

Herold, P., Mendel, C., Wenzler, J.-G., Götz, K.-U. und Hamann, H. (2018): Aufbau einer Zuchtwertschätzung bei Milchziegen. Züchtungskunde 90-3, 195–205.

v. Korn, S., Jaudas, U. und Trautwein, H. (2013): Landwirtschaftliche Ziegenhaltung. Ulmer, Stuttgart, 2. Auflage.

Lange, A., Hamann, H., Mendel, C., Wenzler, J.-G. und Herold, P. (2018): Entwicklung einer Zuchtwertschätzung Exterieur auf Basis der linearen Beschreibung bei Milchziegen. Züchtungskunde 90-4, 304–318.

Löer, A. (1998): Die Tiergerechtheit einer ganzjährigen Weidehaltung winterlammender Mutterschafe am Mittelgebirgsstandort. Dissertation, Georg-August-Universität Göttingen.

Manek, G., Simantke, C., Sporkmann, K., Georg, H. und Kern, A. (2017): Systemanalyse der Schaf- und Ziegenmilchproduktion in Deutschland. Abschlussbericht. http://orgprints.org/31288/ (18.02.2019).

Mrode, R., Tarekegn, G.M., Mwacharo, J.M. und Djikeng, A. (2018): Invited review: Genomic selection for small ruminants in developed countries: how applicable for the rest of the world? Animal 12-7, 1333–1340.

Mucha, S., Mrode, R., MacLaren-Lee, I., Coffey, M. und Conington, J. (2015): Estimation of genomic breeding values for milk yield in UK dairy goats. J. Dairy Sci. 98, 8201–8208.

Österreichischer Bundesverband für Schafe und Ziegen (Hrsg.) (2017): Züchterhandbuch für Schafe & Ziegen. Estermann Druck, Wien

Pfleiderer, E. (1999): Zwei oder vier Striche? Dt. Schafzucht 16, 398–399.

Ringdorfer, F. (2009): Mehrjähriges Durchmelken der Ziegen – Vor- und Nachteile. 4. Fachtagung für Ziegenhaltung, Lehr- und Forschungszentrum für Landwirtschaft Raumberg-Gumpenstein, Österreich, 6. November 2009, 21–24. https://www.raumberg-gumpenstein.at/cm4/de/forschung/publikationen/downloads veranstaltungen/viewdownload/402-ziegentagung-2009/3382-4-ziegentagung-2009-tagungsband-gesamt.html (19.02.2019).

Rupp, R., Mucha, S., Larroque, H., MacEwan, J. und Conington, J. (2016): Genomic application in sheep and goat. Animal Frontiers 6-1, 39–44.

Schlolaut, W. und Wachendörfer, G. (1992): Handbuch Schafhaltung. Verlagsunion Agrar, DLG-Verlag, Frankfurt (Main), 5. Auflage.

Selvaggi, M., Laudadio, V., Dario, C. und Tufarelli, V. (2014): Major proteins in goat milk: an updated overview on genetic variability. Mol. Biol. Rep. 41, 1035–1048.

Späth, H., Thume, O. und Wenzler, J.-G. (2012): Ziegen halten. Ulmer, Stuttgart, 7. Auflage.

Swalve, H.H., König, S. und Wensch-Dorendorf, M. (2011): Genomische Selektion: Ergebnisse von Zuchtplanungsrechnungen. Züchtungskunde 83-4/5, 302–314.

Teissier, M., Larroque, H. und Robert-Granié, C. (2019): Accuracy of genomic evaluation with weighted single-step genomic best linear unbiased prediction for milk production traits, udder type traits, and somatic cell scores in French dairy goats. J. Dairy Sci. 102, 1–13.

TGRDEU (Zentrale Dokumentation Tiergenetischer Ressourcen in Deutschland) (2019): Haus- und Nutztiere: Ziegenrassen. https://tgrdeu.genres.de (28.02.2019)

Willam, A. und Simianer, H. (2017): Tierzucht. UTB, Eugen Ulmer, Stuttgart, 2. Auflage.

Wolber, M.-R., Hamann, H. und Herold, P. (2018a): Durch- und Dauermelken bei Milchziegen, 1. Mitteilung: Analyse der systematischen Effekte auf Milchleistungsmerkmale. Züchtungskunde 90-5, 379–397.

Wolber, M.-R., Hamann, H. und Herold, P. (2018b): Analysis of factors influencing lifetime performance, lifetime effectivity, and length of productive life of dairy goats. 69th Annual Meeting of the European Federation of Animal Science, Dubrovnik, Kroatien, 27.–31. August 2018.

Wolber, M.-R., Hamann, H. und Herold, P. (2019): Durch- und Dauermelken von Milchziegen, 2. Mitteilung: Genetische Analyse von Milchleistungsmerkmalen. Züchtungskunde 91-2, 129–140.

Weiterführende Literatur

Bellof, Gerhard; Leberl, Patricia: Schaf- und Ziegenfütterung. Strategien für Landschaftspflege, Fleisch- und Milcherzeugung, Verlag Eugen Ulmer, 2019

Späth, Hans; Thume, Otto; Wenzler, Johann-Georg: Ziegen halten, Verlag Eugen Ulmer, 8. Auflage, 2019

Ueter, Detlev: Lamm und Zicklein - nose to tail. Warenkunde, Küchenpraxis und Rezepte, Verlag Eugen Ulmer, 2018

von Korn, Stanislaus; Trautwein, Hermann; Jaudas, Ulrich: Landwirtschaftliche Ziegenhaltung, Verlag Eugen Ulmer, 2. Auflage, 2013

Willam, Alfons; Simianer, Henner: Tierzucht, Grundwissen Bachelor, Verlag Eugen Ulmer, 2. Auflage, 2017

Winkelmann, Johannes; Ganter, Martin: Schaf- und Ziegenkrankheiten, Verlag Eugen Ulmer, 2. Auflage, 2017

Register

Bildquellen

Titelbild: Kathrin Iske

Haumann, Heiko Abb. 13, 74

HildaWeges Photography/Shutterstock.com Abb. 54

Nicolaus, Diana Abb. 21a

Ziegenzuchtverband Baden-Württemberg, Archiv Abb. 29a

Alle anderen Fotos stammen, wenn nicht anders vermerkt, von der Autorin.

Die Abbildungen fertigte Helmuth Flubacher (Stuttgart) nach den genannten Vorlagen sowie nach Vorlagen der Autorin.

Die in diesem Buch enthaltenen Empfehlungen und Angaben sind von der Autorin mit größter Sorgfalt zusammengestellt und geprüft worden. Eine Garantie für die Richtigkeit der Angaben kann aber nicht gegeben werden. Autorin und Verlag übernehmen keine Haftung für Schäden und Unfälle. Bitte setzen Sie bei der Anwendung der in diesem Buch enthaltenen Empfehlungen Ihr persönliches Urteilsvermögen ein.
Der Verlag Eugen Ulmer ist nicht verantwortlich für die Inhalte der im Buch genannten Websites.

Bibliografische Information der Deutschen Nationalbibliothek
Die Deutsche Nationalbibliothek verzeichnet diese Publikation in der Deutschen Nationalbibliografie; detaillierte bibliografische Daten sind im Internet über http://dnb.d-nb.de abrufbar.

Wollgrasweg 41, 70599 Stuttgart (Hohenheim)
E-Mail: info@ulmer.de
Internet: www.ulmer.de
Lektorat: Pia Fehrenbach, Ulrike Andres
Herstellung: Stephanie Haun
Umschlag-Gestaltung: Verlag Eugen Ulmer
Satz: Fotosatz Buck, Kumhausen
Reproduktion: timeRay Visualisierungen, Jettingen
Druck und Bindung: Pustet, Regensburg
Printed in Germany

ISBN 978-3-8186-0717-3

HIER KÖNNEN SIE WEITERLESEN

Klauenpflege Schaf und Ziege.
Heinz Strobel.
3., aktualisierte Auflage 2018.
176 Seiten, 48 Farbfotos,
45 Zeichnungen, 22 Tabellen, kart.
ISBN 978-3-8186-0504-9.

Dieses Buch bringt Ihnen alle notwendigen Grundlagen zur Vermeidung, Bestimmung und Behandlung von Klauenkrankheiten näher. In einem umfangreichen Praxisteil erfahren Sie alles Wissenswerte über Diagnose, Klauenpflege und Arbeitstechniken. Ausführlich widmet sich Heinz Strobel den verschiedenen Krankheitsbildern und geht dabei besonders detailliert auf die Moderhinke ein. Der Autor teilt in diesem Buch seinen reichen Erfahrungsschatz aus jahrzehntelanger Praxis mit Ihnen und vermittelt alltägliche Arbeitsabläufe ebenso wie langfristige Konzepte zur Sanierung von Herdenproblemen.

DAS NACHSCHLAGEWERK